U0258276

生 命 的 时 间 轴

NATURE FAST and NATURE SLOW

从 一 微 秒 到 十 亿 年 的 生 命 奇 迹

[英] 尼古拉斯·P. 莫尼 (Nicholas P. Money) —— 著　　胡小锐 钟毅 —— 译

中信出版集团 | 北京

图书在版编目（CIP）数据

生命的时间轴 /（英）尼古拉斯·P. 莫尼著；胡小
锐，钟毅译 . -- 北京：中信出版社，2023.3
书名原文：NATURE FAST and NATURE SLOW: How
Life Works, from Fractions of a Second to Billions
of Years
ISBN 978–7–5217–5196–3

I. ①生… II. ①尼… ②胡… ③钟… III. ①生命科
学－普及读物 IV. ① Q1–0

中国国家版本馆 CIP 数据核字（2023）第 023087 号

生命的时间轴
著者：　　　[英]尼古拉斯·P. 莫尼
译者：　　　胡小锐　钟毅
出版发行：中信出版集团股份有限公司
　　　　　（北京市朝阳区东三环北路 27 号嘉铭中心　邮编　100020）
承印者：　　宝蕾元仁浩（天津）印刷有限公司

开本：880mm×1230mm　1/32　　印张：6.5
插页：4　　　　　　　　　　　　字数：100 千字
版次：2023 年 3 月第 1 版　　　印次：2023 年 3 月第 1 次印刷
京权图字：01–2022–6687　　　　书号：ISBN 978–7–5217–5196–3
定价：59.00 元

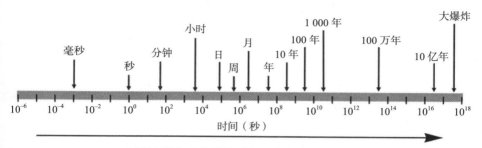

时间之箭与大自然的时间尺度（单位：秒）

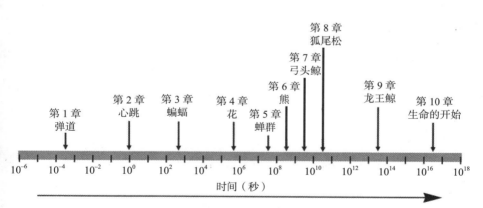

本书章节组成的时间轴

目录 | CONTENTS

时计。成为一只蝙蝠是什么样的体验？小棕蝠的回声定位是一种人类不具备的技能，另一种技能是活在当下，从来不惧明天末日来临。

第 4 章　花（日、周、月，$10^5 \sim 10^6$ 秒）　

植物的行为遵循昼夜节律，睡莲花朵开开合合，豆类和酢浆草在黄昏时垂下叶片。细菌、真菌和动物也通过时钟蛋白的相互作用，记录生命中的每一天。几周或几个月是一个重复演练昼夜节律的过程。

第 5 章　蝉群（年，10^7 秒）　

人类的童年和北美的周期蝉一样长。这种蝉每隔 17 年才现身一次，数十亿只同时破土而出。这种近年节律是针对捕食者制定的巧妙生存策略，动物的冬眠同样离不开近年节律。

第 6 章　熊（10 年，10^8 秒）　

脱水后的水熊可以经受住高温高压和辐射的苛刻考验，几近坚不可摧；毛茸茸的棕熊和黑熊每年休眠几个月。它们位于生物体型范围的两端，以相近的方式适应环境，延长寿命。人类也可以这样做吗？

第 7 章　弓头鲸（100 年，10^9 秒）　

最长寿的人也没能活过 130 年，而弓头鲸的寿命要长得多。胸棘鲷等深海鱼类、格陵兰睡鲨、北极蛤和大蜥蜴都是长寿选手，当然还有陆龟。正如龟兔赛跑中那样，缓慢稳定者会赢得比赛，不过，任何有大脑的动物都无法存活超过 300 亿秒。

生命的一瞬与亿年

现代人越来越依赖日程表与计时器,越发不能忍受延迟和晚点。我们似乎越来越重视时间,但同时又在失去对时间的真实感知:对很多人来说,时间不过是一个待办事项连着另一个待办事项,一个截止日期接着另一个截止日期。可是时间不仅仅是一种生活工具,它也是观察、认识和思考周围世界的一个维度。尼古拉斯·P. 莫尼提醒我们,人类的神经系统让我们得以不断感知外部世界,与此同时这也是我们的"囚笼",它让我们活在一秒接一秒的体验当中,以至于经常对更小或更大的时间尺度熟视无睹,麻木不仁。莫尼写作此书的目的正是将我们从惯常的现实感和时间感中解放出来,他用跨越 24 个数量级的时间尺度帮助我们突破感官极限,用时间去理解生命,用生命去体验时间。

不妨先做个与书中内容有关的游戏:假设苍蝇也有高级认

知活动，而你就是一只趴在人类肩头的苍蝇，看到人们刷短视频时你会作何感想呢？我猜你可能会大大震惊于人类的耐心，他们竟能忍受如此卡顿无趣的画面还乐此不疲，就好像他们不仅无聊至极还余生无限。苍蝇每秒钟可以感知约 250 幅不同的图像，而人类大约只有 60 幅，这意味着哪怕我们用每秒 60 帧的速度拍摄影片，苍蝇看到的回放也依然如同缓慢翻动的静止画面，对苍蝇来说，如此消遣简直无异于自戕。如果把视觉能感知的最短时间间隔作为"一瞬"，那么我们的一瞬对苍蝇来说显然绝非倏忽之间，但是换个角度来说，它们的一生也并没有我们看上去那么短暂。基于同样的原因，小型动物经常比大型动物体验到的时间更慢，所以在家里等你的狗狗确实可能度日如年。

反过来，这个现象还可以部分解释为什么你觉得时间越来越快：随着年龄增长，我们每秒捕获辨识图像的数量会减少，这意味着单位时间内的信息流减少，于是主观感受到的时间会被压缩，这就像年尾的时候如果相册里只有寥寥几张照片，这一年好像也感觉过得飞快。人类不仅通过感知和记忆来标示时间，我们对时间流速的判断也受到当下感受的影响，比如，和恋人在一起的时光似乎总比等待他们的时间过得快，时间对人类来说绝不是简单的"客观事实"。正如莫尼在这本书开篇告诉我们的那样，人类以为的真实只是对真实的建模，是我们的感官塑造了我们感知到的世界。所以活在当下的人类会被当下所能感知到的时间尺度所限制，错过更微小或更宏大的生命图景。

比如酶催化细胞内生化反应的机制以飞秒（10^{-15} 秒）计，

这远远超出了我们的感知极限，但是正是有赖于这些"飞快"的反应，你才得以看清并理解眼前的这些文字。与此同时，生物体内的这些反应之所以能够保留到今时今日，又离不开一个更宏大的时间尺度，那就是亿万年的生命演化。"维持细胞运转的每一次分子交换和转化，都必须通过一代又一代的检验。自然选择是一个无法规避的过滤器，它允许快速化学反应的有效组合在时间的长河中流动，而损害生存的因素则被一一检出。"就在此时此刻，我们的生命同时呈现了从飞秒到亿年的时间魔法，或者说正是这些快与慢塑造了今日生物圈的千姿百态。而且，无论是苍蝇、鲸还是我们，地球上有机体的成分都离不开恒星消亡后的星尘，从这个角度来说，生命的现在也包含着无数的过去，一瞬里也有亿年。

作为一位真菌学家，在专事科普写作之前，莫尼的最后一个研究项目是关于凝结在真菌孢子表面的水，这些水滴能助力微小的孢子被弹射出菌褶（1微秒内完成）。但是，莫尼由此联想到了另一种可能：这种机制也许会影响降雨。乍听上去这简直是天方夜谭，但是当你得知大气中可以作为雨滴凝结核的孢子有数百万吨之多，而它们的总表面积相当于非洲大陆时，一切又变得合情合理，小小的蘑菇在微秒内完成的动作确实可能会影响24小时后你出门时要不要带伞。正如书中所说，"每当我们试图单独挑选某个事物时，都会发现它与宇宙中的其他一切事物息息相关"。在《生命的时间轴》一书中，从显微镜下的孢子到望远镜中的星球，莫尼上天下海，掘地三尺，在不同的生命与自然现象之间进行了一场"连连看"游戏，本来散布于我们周围的宇宙密码残片就这样被拼合成一个有机的生命故事，过去与未来，微秒与亿年，时间的经纬串联起缤纷的物种和它们的演化历程，从"太初有膜"的生命起源到日光耗尽的生命终曲，莫尼用诗意的笔触动情地铺展出了一幅壮丽生动的生命时间轴画卷。

这幅画卷中会出现令人惊叹的地球邻居，无论是用冲击波做武器的手枪虾还是出生于明朝的北极蛤，差异固然让人兴奋，但最激动人心的恰恰是我们并不像看上去那么不同。比如，虽然从秒到星期、月份都是人类构建的概念，但是其他生物也都能觉察到地球每 8.64 万秒完成一次自转，并根据它们内置的昼夜节律生物钟活动。从进行光合作用的植物到我们黑暗肠道中的细菌，它们都拥有类似的生物计时器。换句话说，我们也许无法同此凉热，却能共此日月。不仅如此，从更本质的意义上说，"生命不过是一个电子寻找归宿的过程"，即原子通过氧化反应获得能量后推动细胞中的化学反应。莫尼告诉他的学生"生命赋予原始能源一个时尚的任务，用以取代给岩石和水加热这种令人厌烦的工作"，在他看来生命的存在有一个独特的意义——一种更有趣地利用太阳能的方式，所以地球上的生命皆可视为多姿多彩的"日光焰火"。书中列举了许多不可思议的生命现象，但莫尼的目的绝非猎奇，他深入本质的解读常让人发出原来如此的感叹，读后不仅能获得智性上的快感，还能产生一种对其他生命形式的亲近之感——众生同源。

莫尼还在读本科的时候，不仅沉浸于生物学的世界，也开始阅读人文经典，他说英国诗人约翰·弥尔顿对他影响很大。弥尔顿曾说："美是大自然的炫耀，一定要展现在殿堂、宴饮和盛典之上，人人都会对其技艺惊叹不已。"在《生命的时间轴》中，莫尼所呈现的美让"科学和艺术之间不再有明显区别"。在迈阿密大学教授"时间的科学与艺术"专题讨论课时，他的合作者会在课上播放高速摄影机捕捉到的影像，在莫尼看来，放大那些肉眼难以觉察的快速过程（无论是 1 微秒内完成的孢子弹射，还是 3 秒内加速到时速 100 千米的猎豹奔跑）都能带来一种纯粹的美感，这种美可以启发一位工程师、一位科学家、一位诗人、一位艺术家或是一个满心好奇的孩童。不同的人从自然之美中可以获得不同的灵感，因为自然之美中蕴涵着无限信息，而审美是一种对这些信息的充分感知。

1665 年，罗伯特·胡克出版了他那部著名的《显微术》，其中有幅插图是一只被放大到如猫一般大小的跳蚤，对大多数人而言，比起这只跳蚤的解剖细节，更令人印象深刻的是以这种新奇方式再现微小动物所带来的情感冲击。在《生命的时间轴》一书中，莫尼用时间的透镜勾起了显微镜带给人的那种情感悸动，只不过他的目光并不局限在那些微小的生物。没有情感触动的知识可能很难深入灵魂，因为感知是主客二分，而感动是主客合一；因自然之美妙而生出的感动也许会减少人类的破坏欲，因为我们无法在毁灭美的同时体验美。

如今我们仍未搞清生命的起源，但未来已足以令人忧虑，这两个问题其实有一个共同的答案——去更加深入地理解自然，无论一瞬间的变化还是亿万年的演化，大概这也是莫尼写作此书的初衷。

汪冰

北京大学精神卫生学博士、书评人

前言

纯净的时光之河，

源远流长；

冷冽甘甜的河水，

流过了千千万万个日夜。

——弗雷德冈·肖夫，《生命之河》（1956）

　　照照镜子，想想年轻时的自己。到了中年，脸依稀可辨还是年轻时的那张脸，但已是满脸色斑、皱纹，肌肉也松弛了。即使花一大笔钱做了整容手术，仔细端详也会原形毕露。随着时光流逝，我们在不知不觉中日渐衰老。约翰·弥尔顿在他早年的十四行诗中，以惯有的简练讨论了这个问题，把时间形容为"盗窃青春的狡猾小偷"。[1] "狡猾"一词道尽了一切。时间经常在不经意间溜走。当我们关注它的时候，它就老老实实，但只要生活稍微拉偏我们凝视它的目光，它就会健步如飞，一去不回。不仅如此，即使我们睁大眼睛，往往也只能捕捉到它飘然而逝的背影。

1 秒可以分为 1 000 毫秒或 100 万微秒。微秒快得就像在仙境中飞行，我们容易注意到的是发生在几毫秒内的动作。[2] 在夏威夷海岸，我们惊奇地看到一头座头鲸破浪而出，然后我们目不转睛地看着它在空中猛地转身，一头扎进海水之中。借助手机或电视屏幕，我们可以远程欣赏这种气势恢宏的飞跃。以每秒 24帧的标准电影速度拍摄的数字图像，相邻两帧之间有约 42 毫秒的间隔。观看视频时，我们认为自己看到的是座头鲸飞跃的全过程，却没有意识到其实我们看到的是一幅幅独立的图像，它们就像翻动的书页或者洗牌时的纸牌一样，在我们面前快速闪过。视频中座头鲸的动作看起来就像在现场观看时一样流畅。

一些实验表明，大脑就像一台摄像机，可以将动作分解成一系列不连续的图像，然后组合起来，给我们一种连贯动作的错觉。显然，视觉背后的潜在机制具有这个特征。有证据表明，即使显示的图像仅有 3 毫秒的间隔，我们也能感知到它们的顺序。[3]蜂鸟每秒扇动翅膀 50 次，这意味着一次完整的上下扇动耗时 20毫秒。也就是说，蜂鸟翅膀的这种运动在我们感知范围的边缘，因此在我们的视野中，空中悬停的蜂鸟身体轮廓非常清晰，翅膀则是模糊的三角形。当我们看速度更快的东西，比如一只白色床单上的猫蚤时，我们会发现它从一个位置消失，瞬间又从另一个位置出现，两者相距一个枕头的宽度。事实上，一眨眼的时间足以让几百只猫蚤一只接一只地快速完成跳跃动作。

人类听觉和触觉的敏感度大致处于和视觉相同的时间范围

内，持续 2 毫秒的突发声音或针刺会在我们的意识中留下印象，持续时间更短的刺激则不会被注意到。[4] 感觉之间发生这种重叠现象并不奇怪，因为隐藏在所有形式的意识背后的基础机制都依赖相同的神经硬件来运转。速度更快的事件当然有可能夺去我们的生命，但自然选择认为，当闪电、眼镜蛇或黄貂鱼即将发起袭击时，我们不应该具备能帮助我们躲开威胁的灵敏感觉。演化中的大量时间被用来研究如何避免那些更常见的可能导致我们英年早逝的威胁。因此，在众多的生命活动中，我们把更多的注意力投向了几秒这个时间长度。

在早上离开家门的那几秒内，"伊甸园"（这里指我在俄亥俄州的花园）里正在发生着一些隐秘的活动：日出时从兔子粪便中长出来的幼小真菌把一连串的孢子排放到空气之中，叶蝉利用转速比保时捷的活塞还快的"齿轮"从车顶跳下，池塘里的水螅利用"高压鱼叉"向猎物发射刺丝囊。这些活动跟我们有关系吗？即使不知道这个小人国马戏团的热火朝天的表演，我们也能过好每一天。从这个意义上说，这些活动就像地球每天的公转一样，与我们没有多大的关系。早于我们知道地球是在绕着它的"软轴"旋转，而不是静止不动，听任阳光洒落在我们身体周围，日出日落的现象就已经存在很长一段时间了。事实上，几年前的一项调查显示，多达 1/4 的美国人仍坚持传统的宇宙观。[5]

没有接受过教育的人可能会满足于简单的世界观，或者不知道还有更广阔的未知世界，一旦他们知道地球是运动的，生命并不仅限于那些耳熟能详的时间尺度，他们就会茅塞顿开。在我们这本生物学相关的书中提到宇宙，是有重要意义的，因为短短一秒内的生命过程也是丰富多彩的，哪怕匆匆一瞥，也会让人产生在晴朗夜晚看到银河系的那种强烈震撼感。威廉·布莱克说："如果感知之门通透纯净，世间万物就会彻底呈现在人们眼前，一览无余。"[6]观看蜻蜓扇动着宛若彩色玻璃的翅膀在空中飞行的高速视频，就像观看日食一样激动人心。

自然界中的这些快速过程，即使没有激发我们去思考它们是否有更广泛的意义，也会因其本身的美而吸引我们去了解它们。不仅如此，研究大放异彩的快速运动，还有其实际意义，因为自然界中的快速过程是慢速过程的基础。在理解这些过程时，我们必须兼顾两者，不可厚此薄彼。每一秒，生命体中都会发生大量化学反应，它们让神经兴奋，让肌肉纤维滑动。深入研究这些快速过程，是理解我们身体的工作原理及伤病恢复机制时需要完成的一项重要内容。对研究森林树冠中或海底热液喷口的生物的生态学家来说，快速自然过程也同样具有重要意义。每个生物体都受到细胞内部化学和物理反应速度的限制。在另一个方向上，即从慢到快这个方向上，研究慢速过程的本质，有助于我们理解快速机制的成因。维持细胞运转的每一次分子交换和转化，都必须通过一代又一代的检验。自然选择是一个无法规避的过滤器，它允许快速化学反应的有效组合在时间的长河中流动，而损害生存的因素则被一一检出。从微生物到鲸，所有生命都存在于不同时间尺度的生命过程之中。

本书全面探索了宇宙的整个时间表，短至不足一秒，长至数十亿年。在研究了自然界中最快的运动之后，我们就会转向秒这个时间尺度。每当我们关注当前的时候，我们都以秒为单位计时。我们在幸福的时刻闭上眼睛，让幸福感持续得久一点。但在更多的场合，例如在超市排队时，或者当我们坐在牙医面前，钻头以每秒几千转的转速在我们牙齿上钻孔时，我们希望每一秒都快点儿过去，希望未来快点儿到来。分钟的流逝更难察觉，当它从我们身边经过时，我们可能毫无感觉，但是一旦它远离我们而去，我们就会注意到它。这就是我们感知环境的方式，是我们每一秒都需要做出决定的生物特征决定的。虽然一秒的精确长度是人类的发明（现在是利用原子钟的频率来定义的），但这个节拍似乎十分适合大自然。我们的心脏每秒跳动一次，比冬眠时土拨鼠的脉搏快 5 倍，又比蜂鸟每秒 20 次的心率慢得多。在身体的其他地方，淋巴系统和神经系统中的液体每隔几秒就会涨落一次，肠道蠕动和性高潮也有相似的律动频率。一波又一波快得多的生物化学反应控制着这些以秒为单位的身体变化，这说明我们被跨越几个时间尺度的自然过程共同作用，裹挟着进入未来。

动物的很多行为会持续几分钟或几个小时，我们也已经把小时作为时间表中常用的时间间隔来使用。白昼与黑夜以数小时一次的节律不断轮换，一些周期更长的过程依赖昼夜轮换的累积效应，协调着众多动物、植物和微生物的生命周期。植物和其他光合生物的生长告诉我们，生命的每一天、每一周，相互之间都有某种联系。沐浴在阳光下，巨型海藻的扁平叶片每天生长 0.5米；陆地上毛竹的生长速度是它的 2 倍，生长时发出的噼啪声清晰可辨。在绿色植被周期性覆盖北半球和南半球的几个月时间里，植物生长呈现出明显的季节性变化。藻类大量繁殖也会导致海洋发生大面积的颜色变化，尤其是在沿海地区，那里的海水富含从陆地倾泻而来的营养物质。我们记录月份的更迭，但在 1/3 的时间里，我们都在睡觉，而在头脑清醒时，我们专注于那些为时几分钟和几个小时的经历。

以地球绕太阳的椭圆轨道为基础的重复过程被称为"近年节律"过程，包括大型食草动物的迁徙、动物在寒冷气候下的冬眠、一年生植物以及追逐它们的害虫的生命周期。每几年重复一次的事件在自然界中并不常见，但北美有生命周期是 13 年和 17 年的蝉，这个罕见的例子生动地说明，发育可以超越一年一次的循环周期。蝉的幼虫以树根为食，它们有一个神秘的"秒表"，可以记录树的汁液在冬天停止流动或者在春天恢复流动的次数，并让它们蜕变成年的过程与这种长时间的脉动过程同步。这种将生命周期调整至素数的策略，帮助它们战胜了那些无法把繁殖周期调整到与蝉保持一致的捕食者。当蝉出现时，它们惊人的数量使捕食者的影响几乎可以忽略不计，在成虫交配并产下下一代卵之前，它们的数量几乎不会因为遭到捕食而减少。对那些听到过响彻云霄的蝉鸣的人来说，一窝窝数量惊人的蝉真的让他们难以忘怀。

在几十年时间里呈现出一定可预测性或周期性的自然过程，都是建立在昼夜节律（近日节律）和近年节律基础之上的。缓步动物（水熊）是一种适应力极强的生物，它们可以在高温、低温、强辐射、高压和可导致组织脱水的真空环境中生存。它们分布在全球各地，只要将潮湿苔藓放到显微镜下观察，就能很容易地找到它们。这些结构简单的动物可以反复进入假死状态，以干燥状态存活多年。在活跃状态下，它们只有一到两年的寿命，但是在干燥后恢复活力的能力使它们拥有了可以与比它们大得多的动物相媲美的寿命。肺鱼也有类似的能力。它们用黏液包裹自己以度过干旱期，寿命可达几十年。缓步动物和肺鱼身处不可预测且可能致命的环境中，但它们的生存策略为它们赢得了大量繁殖机会。这些动物的生物学特性与人类持续活跃的特点形成了有趣的对比。这种活跃让最长寿的人可以生存 30 亿秒，但我们的基因已经在地球上运行了 30 亿年，它们是迭代至最新版本的 DNA（脱氧核糖核酸）。

在几十年时间里，我们一直关注那些以秒计的时间尺度，但随着对时间的探索不断深入，我们开始感到人类被大自然忽略了，因为她把我们远远甩在后面。商业捕鲸让弓头鲸从地球上成群消失，这个物种一度濒临灭绝。在过去 50 年里，弓头鲸的数量有所增加。据估计，地球上现有 10 000 头弓头鲸，因此弓头鲸不再被列为濒危物种。弓头鲸是高智商动物，现在年龄最大的弓头鲸说不定还记得 20 世纪 30 年代结束的那次大屠杀。2007 年，因纽特捕鲸者捕获了一头 200 岁的弓头鲸，它的组织中嵌有 19世纪金属鱼叉的尖头。在北冰洋寒冷海水中缓慢游动的格陵兰睡鲨，寿命可能是弓头鲸的两倍。海洋生物学家对捕捉到的睡鲨眼睛中的晶体进行了碳测年，从而确定了这些鲨鱼的年龄。通过观测在 20 世纪 50 年代大气层核试验后出生的动物身体内的放射性脉冲，人们证明了这种测年方法的准确性。

许多树木的寿命都比人类长，其中最长寿的莫过于加利福尼亚州、内华达州和犹他州的狐尾松，这种著名的树木寿命可达 5 000 年。还有更古老的树种，包括 8 万岁的犹他州颤杨，但它们都是通过根部相连的植物群落繁殖的无性系，每株可能不会生存很长时间。地中海海藻群落的年龄更大，这让人们更加怀疑：只要生长环境保持稳定，植物的寿命就可能不受内在因素的限制。让这个问题变得更加复杂的是，群落里的植物在老的部分死去的同时会发出新的枝条，并通过这种方法不断恢复活力。这意味着我们必须重新思考个体的本质，还要重新考虑如何测定年龄。池塘里的水螅（前面提到过它们的刺丝囊）在 18 世纪的自然历史学家中引起了轰动，当时有研究表明，它们长有触须的身体在四分五裂之后还能再生，形成的天然芽体可以无限期地存活。在我们这个时代，当我们思考蜜环菌的古老菌落或菌丝的历史及生长过程时，这种神奇的感觉还会再次产生。

监测演化的变化有可能在短时间内完成，特别是在揭示细菌和其他微生物适应环境挑战能力的研究中。但是，当我们考虑重大的生物学变化（包括海洋物种向陆地动物的转变和相反的转变）时，我们必须深入历史，研究千百万年以来生物群体发生的变化。在过去的 2.6 亿年里，海龟至少 4 次离开陆地和淡水栖息地，跳进海里。海藻在 1 亿年前同样经历了从若干植物祖先群体向海洋生物的转变。鲸类是从 800 万年前的有蹄类哺乳动物（与河马有亲缘关系）演化而来的，时间更近，演化速度更快。

　　将目光从数百万年前转移到数十亿年前，就会与生命的起源、太阳系的出现和宇宙的历史交会。时间在这种宇宙尺度上的流逝，与一微秒内结束的动作一样，都会对我们的理解力发起挑战。一旦地球上的物理条件允许生物分子的前体保持稳定，生命似乎就产生了——尽管在现有生物的祖先站稳脚跟之前，这个过程可能反复发生了多次，其间还伴有几次地球生命灭绝事件。第一个细胞或原始细胞（protocell）一旦在本来没有生命的星球上开始复制，就会爆炸式发展，建立微生物种群。根据普遍存在的自然选择法则，生命从一开始就在改变。这种加速式生命起源的观点促使人们认为，生物形态各异可能是宇宙中的一个常见现象。时间长河中快速事件的重要性使本书构成了完整的循环，统一了全书 10 章的时间框架，并将我们的生命置于一个非常清晰的新视角。

　　本书各章分别探索一个特定的时间片段，首先是快速过程，时间跨度从百万分之一秒到十分之一秒，然后过渡到耗时数十亿年的慢速过程。如果用 10 的幂这个数学符号来表示，那么第 1 章讨论的是生物在 10^{-6} 到 10^{-1} 秒内完成的快速运动，第 10 章讲述 10^{17} 秒[①]前的生命起源。以秒为单位，本书的时间尺度涵盖了 24 个数量级。[7]如果我们测量的是距离而不是时间，这些数字就相当于覆盖了从细菌的长度到我们与银河系中邻近恒星之间距离

---

① 第 10 章讲述的内容以 10 亿年（10^{16} 秒）为时间尺度，但生命起源于 40 亿年（约 1.3×10^{17} 秒）前。——编者注

这么大的跨度。当考察更长时间尺度上的生命活动，而不是描述当前的机制时，本书将更倾向于谈论过去。这反映了我们是如何与自然互动的——始终关注当下的情况，以及如何审视人类在更大、更古老的生命结构中所处的位置（这是一个富有想象力的挑战）。在考虑智人退出历史舞台，最终地球也气化消失后的生物圈时，我们必须放眼未来。

本次穿越时间框架的旅程在一开始故意留下了一个空白。细胞内分子的运动只需要千分之几秒，而更快的化学反应和一些无意识的神经过程则会在百万分之几秒内完成。这些机制都被归入前几章。但有的化学反应发生得更快，包括在阳光照射下受热的叶绿素分子间发生的能量转移。一些酶用来加速细胞内反应的方法，可以与所谓的量子事件归于同一类别。完成这些反应只需几飞秒（1飞秒即千万亿分之一秒，用10的幂来表示的话，就是 10^{-15} 秒）。从某种意义上说，量子过程是一切事物的基础，因为它们支配着原子的行为，但直到前不久，它们还一直没有引起大多数生物学家的注意。我们以为研究自然时无须考虑喜欢嬉戏打闹的原子和亚原子粒子，但随着我们认识到量子事件可能有助于解释生命的运转机制，这种情况开始有所改观。[8] 本书没有对量子生物学这个理论领域做过多的描述，但涉及的范围已经足够广泛。不过，我们有必要承认这个时间的神秘基础。我们把速度调到10亿分之一，看看用高速摄像机拍摄的自然界中最快的运动，在慢速播放时会是什么样子。

第
1
章　弹道
短于 1 秒（10^{-6}~10^{-1} 秒）

演化在钟形水母的触须上创造出了最快的生命运动，同时创造出了刺丝囊。这是一种有爆发力的单细胞蜇刺，像鱼叉一样，用于捕获卤虫和其他海洋生物。海黄蜂、海刺水母、狮鬃水母和葡萄牙战舰水母都装备着这种武器，人类游泳者经常被它们蜇伤。[1] 伊鲁坎吉箱水母只有豌豆大小，但它们身上的刺丝囊释放出的毒液毒性极强，连昆士兰海岸的旅游业都因此受到了威胁。

刺丝囊就像一个圆润的毒坛子，囊口下面有一只带倒钩的针刺，通过一根盘绕的发射管连着囊底。当这个微型装置被触发时，囊口打开，针刺弹出，发射管展开，毒液从管子里流出。游泳的人被箱形水母蜇了上千下之后，就会倒在沙滩上。针刺的发射速度极快，1微秒（10^{-6}秒）内即可完成。发射管释放毒液的时间长达1毫秒（10^{-3}秒）。针刺的最高速度可达70千米/小时，它像步枪子弹一样迅猛地扎进目标的表皮或虾壳。它从打开的囊口出来后只飞行了很短的一段距离，但是在它快速穿过囊口到达目标的过程中，加速度达到了重力加速度的数百万倍。[2]

在生命刚开始的 10 亿年里，生物绝不可能制造出刺丝囊。那时候，演化仅限于改造海洋细菌的结构。海洋细菌永远无法容纳如此复杂的武器，难点在于其本身的构成：它们就是一团液体，周围包覆着一层膜。从这样的细胞中射出一根针无异于自杀，因为它们就像气球一样，一戳就破。要制造刺丝囊，就必须先制造一个单独的内部"储物柜"来安放发射管，以便在不破坏整个细胞的情况下将发射管里的毒液全部释放出来。这个配件随着真核生物出现而成形。真核生物的细胞在有膜密封的隔间里完成吐故纳新的工作，包括吸入固体食物，排出废物，以及分泌各种各样的物质。释放刺丝囊就是一种剧烈的分泌行为。

水母是通过释放静水压力为蜇刺提供动力的。这似乎是让微小弹丸以极快速度运动的最有效方法。据估计，这种静水压力高达 150 个大气压，是由溶解在刺丝囊内液体中的推进剂积聚产生的。推进剂的积累会导致水渗入细胞中，通过渗透作用给蜇刺加压，使之做好发射准备。这种给蜇刺加压的化合物被称为聚谷氨酸（PGA）。在散发香味的黏稠发酵豆酱中也能找到这种物质，包括印度东部的 kinema① 和知名度更高的日本纳豆（我喜欢日本料理，不过觉得纳豆令人作呕）。水母 DNA 中负责蜇刺制造 PGA 的关键基因，似乎来自我们用来制作豆酱的那些细菌的海洋近亲。我们把这种不同物种之间的 DNA 转移称为基

---

① kinema 是一种以枯草芽孢杆菌为主要菌种的大豆发酵产品。——译者注

因的水平传递。

与水母有亲缘关系的水螅也有这种武器。这些简单的动物黏附在水生植物上，并在水中挥动触须，这也是它们得名"hydroid"的原因（意指希腊神话中的九头蛇）。它们看上去就像头上脚下的微型水母。会使用刺丝囊的还有珊瑚和海葵，它们与水母及水螅一起，组成了一个大群体——刺胞动物门。

自然界有很多有毒蜇刺，包括荨麻的有毒刺毛、黄蜂和蜜蜂的蜇刺。黄貂鱼的防御武器是边缘有锯齿的刺和装满毒液的凹槽，它们弓着尾巴，露出毒刺，自下而上迅速刺向入侵者。2006年，澳大利亚环保主义者兼电视节目主持人史蒂夫·欧文被一条巨大的黄貂鱼杀死，和奥德修斯一样成了为数不多的被这些软骨鱼夺去生命的人。（奥德修斯被一根嵌有黄貂鱼刺的长矛杀死，应验了《奥德赛》中他的死因与海洋有关的预言。[3]）与大自然的无意识发明如出一辙的是，人类用毒刺来捕鲸，从新石器时代的手持长矛发展到了 19 世纪的装有手榴弹的鱼叉。我们继续讨论微型蜇刺。一些与水母无关的生物，包括单细胞原生生物（一度被称作原生动物和藻类）、在植物细胞上扎孔的寄生黏菌、水生真菌和造成爱尔兰马铃薯饥荒的那些害虫的近亲，演化出了各种各样的刺丝囊。通过与猎物进行军备竞赛，这些微生物制成了一些令人惊叹的奇妙装置，与之相比，水母的"导弹"看起来相当普通了。其中一种武器复杂得令人难以置信，它是由一种叫作甲藻的海洋微生物制造的。它的多管刺丝囊不满足于单发激发，在装满弹药后可以发射十几支蜇刺，简直就是一挺微型加特林机枪，而一个甲藻细胞就像是一艘装备了这种惊人武器的潜艇。[4]

在没有刺丝囊的生命之树分支上演化的海蛞蝓、扁虫和栉水母，选择从水母和海葵那里盗取刺丝囊，并把蜇刺放在身体表面以阻止捕食者。[5]有一种外形引人注目的海蛞蝓叫作蓝龙，它会通过吃掉葡萄牙战舰水母来完成抢劫行为，再在被劫持的毒刺上涂抹黏液以阻止其激发，然后将这些毒刺转移到皮肤上的小囊中。任何生物咀嚼海蛞蝓时都会被蜇。装饰蟹将海葵放到甲壳上，利用海葵的毒刺防御外敌，而海葵也可以从装饰蟹那里获益，因为这些移动的盟友会将它们带到新的觅食区。医学研究人员也会收集刺丝囊，用它们来蜇病人。在临床试验中，研究人员从海葵中分离出了刺细胞，干燥稳定后制成粉末，然后将其混合成凝胶，涂抹在人类志愿者的皮肤上。每次治疗都会使用数百万个刺丝囊。在凝胶中加入一种水溶性药物的溶液后，刺丝囊会在补充水分的过程中装满药物，并将药物注入皮肤。试验结果表明，在预防晕车、晕船等疾病时，利用这种装置给药的效果比透皮贴剂更好。[6]

刺丝囊是荷兰科学家安东尼·范·列文虎克在 1702 年发现的，他通过手持显微镜观察到了刺丝囊。列文虎克描述了水螅身上的球形刺丝囊，但不知道它们的用途。18 世纪 40 年代，瑞士博物学家亚伯拉罕·特朗布莱做了更深入的研究。他描绘了触须表面的刺毛，却没有意识到它们是从球状结构中长出来的。显微镜不够先进，一直阻碍着刺丝囊的研究。直到一个世纪后，有了能产生更清晰图像的校正透镜，人们才了解了刺丝囊的真正功能。在此之前，刺丝囊被称为"睾丸"，因为发射出来的细胞上悬挂的发射管被认为是精子的尾部。它还有一个更贴切的名称——"垂钓者"，因为那些发射管就像可伸缩的钓鱼线。随着研究继续，迷雾逐渐散去。在第一次观察到刺丝囊的 300 年后，一台高速摄像机以每秒超过 100 万帧的速度让人们看清了它们的发射过程。[7]

　　捕捉真菌向空气中弹射、喷射和抛射孢子的过程，同样需要高速摄像机。这是唯一能与刺丝囊的发射竞争"自然界最快运动"这个称号的机制。孢子相当于真菌的种子。作为一名研究者，我在年轻时对几名研究人员就孢子空气传播展开的研究产生了浓烈的兴趣。蘑菇的菌盖每秒释放出 3 万个这样的微小颗粒，让它们在风中飘舞，就像仙女挥洒的梦幻亮点一样。菌褶之中布满了孢子，所以在显微镜下放大的菌褶就像一片西瓜田。然后，其中一个孢子消失，并立刻出现在附近的空气中。随后，孢子接二连三地消失，直到菌褶中空空如也。每个孢子似乎都呈现出同时存在于两个位置（在菌褶上和不在菌褶上）的量子特性，但它的骗术依赖于它的速度实现。弹射是在 1 微秒内完成的，孢子升空速度太快，以至有毫秒级感知能力的大脑无法捕捉这一过程。

　　我的前辈试图利用装有电动底片胶筒的电影摄像机捕捉飞行的孢子。在电动机的轰鸣声中，每秒有数千帧摄影胶片从显微镜镜头前一闪而过。当胶片冲洗出来的时候，研究人员哭笑不得地发现，他们拍摄出了数千帧单个孢子的静止画面，然后这个孢子突然消失得无影无踪，再后来就是海量的空白画面。孢子在两帧之间的瞬间无声无息地跳走了，这让他们气恼不已。几十年后，时间站在了我这边，视频技术的进步把微秒成像带到了实验室。当用来研究刺丝囊的摄像机对准真菌时，镜头下的景象令人惊叹不已：蘑菇孢子利用一个"表面张力弹射器"，由水滴的运动提供动力，让自己从菌褶中弹射而出。[8]

不产生蘑菇的真菌在动作方面展现了类似的魔法，一些不引人注目的真菌促成了一场不为人知的体操盛会。一种生长在马粪上的真菌可以利用半透明茎秆中的加压液体，将装满孢子的囊体弹射到 2 米以外。还有一种大炮菌，可以飞行 6 米以上。这种真菌的子实体生长在乔木和灌木下的潮湿环境中，在发芽前看上去就像芥菜种子。在准备发射的过程中，大炮菌的小球体裂开呈杯状，里面是闪闪发亮的孢子囊。这种杯状结构由弹性薄膜构成，通过外翻将孢子囊抛向空中。孢子囊以每秒 10 米（每小时 36 千米）的速度飞行，所以当它在草地上安静地飞行时，如果我们仔细观察，就有可能看到它们。这种孢子传播方法的效果，从我妻子的车上经常有真菌留下的斑点就可见一斑。在她工作的地方，停车场附近有一个花坛。真菌是向光性的，也就是说它对阳光有反应，所以它的子实体会循着反射的阳光，飞向锃光瓦亮的银色车身。最近，无数网页上都充斥着对这种微生物的抱怨和关于如何去除它留下的黏稠斑点的小贴士，这表明这些喜欢温暖潮湿天气的真菌可能是气候变化的受益者。

速度最快的真菌是一种微型生物，它们已经适应了在被火烧过的植被上生长。这个微生物运动员被称为红色面包霉，对于一种在不新鲜面包上并不常见的真菌而言，这个名称不是那么妥帖。它会形成细细的可以像刺丝囊一样加压的"鱼雷"发射管。当顶部小孔中的塞子被排出时，它们就会被强行打开，以每小时 115 千米的最高速度一个接一个地释放出 4 个孢子。孢子的初速度没有水母蜇刺快，但 4 个孢子在几微秒内就会全部飞出，在半毫秒内飞行 1 厘米的距离。之所以会演化出这样的快速发射机制，是因为空气的物理阻力。对微小物体而言，空气就像是一种黏性流体。如果孢子的发射速度不快，它们的飞行距离就不会超过自身长度的 2 倍。这种最快的真菌速度超过每小时 100 千米，因此能飞行 500 倍于自身长度的距离。红色面包霉通过飞行成功进入空气中，借助风的作用，可以传播得更远。

大自然安排在如此短暂的时间里完成的运动，都是通过释放储存的能量来实现的。刺丝囊爆发就是这种机制的一个完美例子。在蜇刺动作爆发前，细胞里的液体内容物被推进剂加压。囊口打开后，压力被释放并推动针刺向前运动。刺丝囊在被触发前有很高的势能，囊口打开后，势能转化为蜇刺的动能。[9] 红色面包霉的"鱼雷"发射管也是同样的原理。给它们加压的化学过程会持续数分钟，化学能加载到发射管的缓慢速度与孢子释放压力和发射蜇刺的快速形成了对比。这些装置的惊人发射速度是通过这种功率放大机制实现的，其原理与用弩弓发射箭矢前要拉紧弓弦一样。

观察动物通过放大肌肉收缩的力量完成动作的行为，就可以更明显地感受到这些原理的作用。北美叉角羚速度达到每小时 98 千米的冲刺，是最快的肌肉运动之一。我曾在科罗拉多的矮草草原上惊起这些美丽的哺乳动物，然后惊奇地看着它们在平坦的大地上扬尘而去。它们的敏捷性被认为是在躲避美洲猎豹的过程中演化出来的（美洲猎豹已经灭绝，不会再给它们带来麻烦了）。这个诱人的想法源于现存但濒临灭绝的非洲猎豹的冲刺速度。非洲猎豹通过毫秒级时间内的肌肉收缩，可以在 3 秒内达到每小时 100 千米的最高速度。另一种令人叹为观止的肌肉连续收缩在啄木鸟身上展现出来，它每秒啄树皮 20 次，即每 40 毫秒啄一次，这与人类最快的击鼓和踢踏舞的速度差不多。[10] 肌肉不能进一步提升四肢运动的速度，但它们可以通过自然形成的弹簧和弹射器来放大力量。

跳蚤、蟋蟀、蚱蜢、沫蝉和其他昆虫杂技演员，利用一种名为节肢弹性蛋白的化合物制成的弹簧提升自己的速度。节肢弹性蛋白是一种具有高度弹性的蛋白质，性能类似天然橡胶。在松弛状态下，形成这种物质的化学链排列成一个缠结的球。当跳蚤准备跳跃时，它的后腿会通过收缩肌肉，牵引外骨骼，挤压位于每条腿底部的一小块节肢弹性蛋白，进入蓄势待发的状态。节肢弹性蛋白链受压后伸直，形成一种有序的结构，但随时会变回球状无序结构。弹跳发动的瞬间，腿部节肢弹性蛋白膨胀，将储存的能量投入跳跃动作，然后跳蚤就会在千分之一秒内一跃而起。沫蝉（也被称为"鹃唾虫"，因为它们的若虫用"杜鹃唾液"形成的泡泡来保护自己）的弹射速度更快。另一类昆虫——飞虱的跳跃方法有所不同：它们利用"齿轮"让后腿同步伸展，确保平稳地腾空而起。[11] 为了实现这些跳跃，昆虫不断改造它们的外骨骼以及相关的肌肉及神经。这是演化适应的一大奇迹。

蜘蛛和虾也会通过放大力量来完成一些动作。生活在新西兰和南美洲的陷阱颚蜘蛛长有巨大的钳子（或称为螯肢），顶部有弯曲的螯牙。它们将螯牙张开，然后在 1/10 毫秒内"啪嗒"一声合拢。螳螂虾装有"弹簧"的钳子可以夹碎贝类，关在水族馆的螳螂虾还曾夹碎玻璃。虾钳的夹击速度超过 100 千米/小时，比空手道掌劈速度记录快一倍多（考虑到虾钳的动作是在水的阻力下完成的，这样的速度就更令人惊讶了）。这些动作如此有力，以至于它会像高速汽艇的螺旋桨一样，在水中产生一连串气泡。[12] 因为空气受到周围水的挤压，气泡会很快坍塌，产生热量、闪光和冲击波，进一步加大虾钳夹击产生的冲击力。

蕨类植物利用气泡爆炸，将孢子用聚拢在叶子下面的微型"弩炮"抛投出去。[13] 弩炮，即古罗马石弩，是木制攻城装置，作用是向敌人的堡垒投掷石块。弩手克服绞索的阻力，用力将通过吊索携带石块的弩臂压下，满足了放大功率的需要。蕨类的"弩炮"有一个由弹性细胞构成的支柱，支柱干燥时会向后弯曲，形成有弹性的杯状结构，里面有 10 多个或更多的孢子。随着水分不断蒸发，弯曲支柱的张力增加，直到所有细胞中的气泡爆炸膨胀，使支柱"啪嗒"一声向前弹去，将孢子散播到空气中。弹射过程在 10 微秒内就会完成。白桑花利用支撑花药（内有花粉粒）的弹性花丝的反冲作用，以大致相仿的速度将花粉抛射出去。

　　水生植物狸藻反转了快速运动的常见目的，将组织内的张力用于吸引而不是排出物质。它们的气生茎上长着漂亮的花，看上去就像很小的金鱼草。茎梗上长着花椒粒大小的陷阱，在水中摇摆。这些陷阱会将水排出，陷阱壁受到向内的拉力，就会产生负压。长满刺毛的活板门使陷阱处于封闭状态。如果有倒霉的水蚤触碰这些刺毛，门就会打开，将水蚤吸进去。随后，活板门会在半毫秒内再次"砰"地关上。随着氧气耗尽，无法移动的猎物就会窒息，变成这种食虫植物的食物。与之相比，捕蝇草的闭合过程（包括对侧小叶释放压力的过程）更安静，需要 1/10 秒的时间。[14]

　　一些闪电般的快速运动是可以被人们听到的。在《我们周围的海洋》(英文版初版于 1951 年)[①] 一书中，美国环保主义者蕾切尔·卡森描述了一群手枪虾一起捏合虾钳发出的"类似于干树枝燃烧或油炸食品的噼里啪啦、滋滋作响的声音"。[15] 这些甲壳类动物有一个特别大的螯和一个比较小的附器，它们看起来就像戴着拳击手套的拳击手。这种声音是巨螯的钳子像响板那样相互碰撞发出的，会推动水流，留下一串气泡。虾钳是"铰接"的，可以通过肌肉收缩使其张开并储存能量。这些能量一旦释放，就会产生加速运动，形成冲击波。手枪虾就是利用这种冲击波把鱼打晕的。手枪虾发出的刺耳声音是海洋中最响亮的声音之一。

----

① 　此书又译作《我们身边的海洋》《海洋传》。——编者注

即使没有放大力量，大炮菌发射时发出的声音也是可以被我们听到的。这些速度极快的真菌把成千上万枚"炮弹"聚集在一个杯状结构里，同时发射时，可以听到"嘶嘶"的声音。本章描述的所有快速运动都会产生声波。我们听不到刺丝囊的声音，但是水母及其近亲，再加上所有带有蜇刺的微生物，数量极其庞大，因此每微秒就可能有一次爆发，导致水持续不断地振动。如果其他星球的天文学家把射电望远镜对准地球，在千赫和兆赫之间（每秒完成1 000~100万个周期）调整频率，那么在真核细胞出现之后，这些银河系的邻居就可能监听到一连串越来越快的微弱爆鸣声。等到水母充斥海洋后，地球开始回响着蜇刺发射和有毒发射管展开的声音。水母奏响了大自然快速运动交响乐的第一个乐章，随后是真菌"水枪"发射的声音、蕨类植物发出的"啪嗒"声和昆虫跳跃的声音，这是一场历时长达10亿年、包含噼里啪啦的各种声响的表演。

每个领域的科学家都需要评估他们的工作对人类其他领域的价值。研究快速运动的惯常理由在于，它有可能把关于自然机制的发现转化为商业产品。利用水母蜇刺给药就是一个潜在应用的例子。还有一些研究人员提出，合成的跳蚤节肢弹性蛋白可以用来制造人造膝关节，从昆虫那里获取灵感的锁扣和弹簧也可以用于微型无人机。生物工程师希望实现这些技术目标，而很多生物学家则满足于揭示自然设计之美。当然，问题在于，其他社会领域都在为这项研究买单。

我给一群蘑菇爱好者做了一场报告之后，一位听众要求我进一步分享我的真菌孢子研究。他告诉我，他是一名卫生工程师，从小就对蘑菇感兴趣。于是，我开始描述红色面包霉的"鱼雷"。明显可以看出，随着解释变得深入，他开始像一个法国农民看待玛丽·安托瓦内特①那样看待我了。在霜冻的早晨，他盯着化粪池，而我则在显微镜镜头下观察黑点——像流星一样从显微镜圆形视野中闪过的真菌。也许有人认为，这名卫生工程师通过纳税，在不知情的情况下投资了我的研究，而我观察到真菌有助于分解化粪池中的废物，这证明他的投资物有所值。对于这个观点，我们都不以为然。更好的辩解理由是用高速摄像机捕捉到的某些快速动作展现的那种纯粹的美感。这些动作十分优美，我和这名工程师在笔记本电脑上观看其视频时，似乎都有所启发。换句话说，当我们意识到这些研究把我们拉进了一个科学和艺术之间不再有明显区别的舞台时，受到启发的可能性就会增加。

当我们试图捉住指尖下的跳蚤时，它们就会消失不见。根据这个简单的观察结果，人类早就知道这种寄生虫跳得非常快。对这种能导致炎症的害虫的熟悉程度，在表现不同程度裸露的年轻女子抓跳蚤的辉煌巴洛克绘画中有所体现。[16] 在罗伯特·胡克于 1665 年出版的杰作《显微术》中，有一幅活页插图，其中那只被放大到猫那么大的跳蚤深深吸引了那个时代的读者。英国皇家学会的成员被胡克揭示的解剖学细节所吸引，但令更多人感兴

---

① 玛丽·安托瓦内特（Marie Antoinette，1755—1793），法国国王路易十六的妻子，死于法国大革命。1785 年项链事件公之于世后，安托瓦内特的民望滑入谷底。大革命发生后，她被称为"赤字夫人"。——译者注

趣的是以这种新奇方式再现微小动物所带来的情感冲击。自然界有很多快速活动仍然神秘莫测。我们可以感受到刺丝囊，但看不到它，最常见的感知是我们的指尖在岩石区潮水潭中触碰到海葵时感受到的刺痛感。蜇刺的速度在这时变得无关紧要。

　　动物、真菌和植物的快速活动只是生命活动的一小部分，而它们的生命周期要长得多。像闪电一样快速激发蜇刺的水母可以活很多年，有些甚至可能接近永生，这一点我们稍后会看到。本书通篇都将帮助我们了解生命在多个时间尺度上表现出来的这种特征。控制昆虫跳跃的肌肉和神经是昆虫在化蛹之前，经过数日漫长而艰难的组装，才生长出来并完成连接的。如果昆虫没有活过幼虫阶段并完成神奇的变态过程，这一切都不会发生。在时间尺度更紧凑的那一端，肌肉和神经必需的化学成分是通过毫秒级的化学反应形成的，而每个这样的化学反应都是昆虫整个生命周期发生的众多代谢循环中的一个步骤。如果我们能观察化学反应，或者能观察到昆虫组织中一秒内发生的每一个反应，我们就会被分子交换的杂乱信息淹没。但在这场风暴深处的某个地方，收到信号的跳蚤或叶蝉曲着腿，向弹性骨骼施加压力，然后弹射而起，飞向空中。这就是生命：它是集化学和物理于一体的神奇狂欢，诞生于混沌之中，经历着快与慢的运动。

第
2
章

心跳

秒（10^0 秒）

在事情发生后的 1/10 秒内，我们看不到、听不到，也感受不到所发生的事情。当我们察觉到这些即时事件时，它们已经成了宇宙历史的一部分。你是否有过看着钟，以为秒针停了，然后看到它又嘀嘀嗒嗒走了起来的经历？这就是停表错觉，是视觉刺激和感知的失配（看到某事物与知道你看到该事物之间错位，不匹配）导致的。钟当然没有停，但你的大脑需要时间来处理它的运动。深深地吸一口气。在你感觉到鼻孔张开之前的那一瞬间，你的大脑就已经向你的胸肌发送了神经脉冲。在鼻孔扩张和意识到空气流入肺部之间，也有一个短暂的延迟。一般而言，在快乐和痛苦的感觉产生之后，过了不到一秒的时间，我们才会产生意识。在现在变成最近的过去之后，我们才会意识到它的存在。意识是由无意识提供给我们的。

　　跑步者估计了一下林地溪流的宽度，决定跳过去。他/她意识到自己在想"我能跳过去！"之前，就已经做了决定。大多数时候，我们对神经系统中设定的这些干扰浑然不觉。这种时间延迟对生存而言至关重要，因为它们确保大脑有足够的时间收集来自不同回路的信息，增加我们做出适当反应的可能性。20世纪70年代，加州大学的生理学家本杰明·李贝特发现了这个过程，他的记录表明，在有意识的决定起作用之前，无意识的大脑活动会敦促我们做出决定。[1]这些观察结果已经得到了后续研究的证实。它表明自由意志根本不存在，这让那些认为人类不只是各种动物性总和的人感到不安。人们将会基于共同经验和大量揭示潜意识凌驾于行为之上的精神病学研究，对自由意志这个概念提出更广泛的批评。我们知道，斧头杀手挥舞斧头看上去似乎是有意识的行为，实际上却是由难以理解但并非数不胜数的现有因素决定的。他不能完全控制自己的行为，这一事实并不能使斧头下的受害者感觉好受一些，也不能影响法律惩罚他的行为。受潜意识控制，并不是法律认可的辩护理由。

承认了人类理解能力的这些局限性之后，我们还是会觉得自己生活在当下，不断地从眼前的一个时刻跳到下一个时刻。即使我们承认这是一种幻觉，也不会对我们清醒时的生活方式产生太大影响。苍蝇落在你的鼻子上，你会立刻（或者说非常快地）把它赶走。当我们注意时间的流逝时，我们会读秒，或者紧盯表盘，看着时间一秒一秒地过去。[2]不足1秒的时间过得太快，我们无法计数，而几分钟的时间又过得太慢。秒对我们来说非常重要，但是秒并不是一种自然存在，而是人类在17世纪发明的。当时，摆钟的精度为我们将1天等分成86 400个时间段提供了条件。[3]将小时和分钟分成60等份的选择源于苏美尔人和巴比伦人的数学，他们在计数系统中使用六十进制，即以 60 为基数。[4]

自 1967 年以来，秒被定义成非放射性铯原子完成特定次数振动所需的时间。这个特定次数的值极大，因为铯原子最外层电子每秒会在高能态和低能态之间完成数十亿次跃迁。原子钟根据铯原子在完成这些超精细跃迁时发射的微波能量的频率来测量秒数。

人的心脏每秒跳动一次，有时快，有时慢，但不会相差太多。当我们屏住呼吸时，这个内在的节拍器会强行作用于我们的意识，而脉搏可能就是我们经常把秒用作时间的量度的首要原因。心率与体型有关，对比体型最小和最大的哺乳动物就能说明问题。伊特鲁里亚鼩鼱的心脏只有一粒米重，每秒跳动 25 次（25 赫兹），而重 200 千克的蓝鲸心脏每分钟只收缩 8~10 次（0.1~0.2 赫兹）。蓝鲸的心跳声在水下 3 千米外都能听到，包括三尖瓣和二尖瓣关闭（将高压血液保持在心室中）时发出的第一心音，以及主动脉瓣和肺动脉瓣关闭（血液通过巨大的主动脉进入肺部）时发出的第二心音。除大小以外，蓝鲸心脏的解剖结构并没有令人惊讶的地方。鼩鼱心脏的轮廓与蓝鲸心脏类似，但蓝鲸心脏的使用期长达 80 年，而鼩鼱心脏在一两年后就会停止跳动。不过，就一生的心跳总次数而言，鼩鼱心脏和蓝鲸心脏表现出了相似的耐久性。因此，有人认为所有哺乳动物的心跳次数最大值都相同，它们的心脏要么快速地跳动 1 年，要么慢速地跳动 100 年。大多数物种中最年长的个体平均心跳 10 亿次，但人类有可能完成 30 亿次心跳。[5]据传中国哲学家老子曾说过，飘风不终朝，骤雨不终日。[①]

心脏的跳动起自聚集在右心房（上腔）窦房结中的肌细胞收缩。这些细胞在钠、钾和钙的带电离子通过细胞膜时做出放电反应，每分钟跳动次数高达 100 次。即使与其他细胞分离，单独置于塑料制成的组织培养皿中，它们也会自动完成这一过程。带电离子的运动引起细胞内外电势（电压）的变化，这与神经中电脉冲的激发过程非常相似。每个肌细胞都通过特殊的接合结构与相邻的肌细胞相连，因此收缩相关的电刺激会传遍整个心脏。通过这种方式，窦房结起到了天然节律器的作用，它对心律的影响传递到二级节点的细胞，并通过纤维系统扩散至心室壁（下腔）。心脏与神经系统相连，神经系统对心脏的活动施加另一层控制，根据是需要按下紧急按钮还是需要打个盹，相应地增快或减缓心脏跳动的速度。

蚯蚓的心脏非常简单，就是肠道前端周围血管上拱起的一系列突出部位。软体动物的循环系统更复杂，从庭园蜗牛的两腔心脏到头足类动物的三颗独立心脏，复杂程度各异。蜗牛的心脏每隔一两秒跳动一次，在明亮的光线下可以透过蜗牛的外壳看到跳动的心脏。枪乌贼和章鱼有两颗心脏，负责把血液泵到鳃部，从鳃出来的血液富含氧气，随着每次脉搏分布到身体的其他部位；第三颗心脏因为这些血液涌入而呈现红色。尽管枪乌贼有这

---

① 此处原书直译应为"火焰的亮度加倍，燃烧的时间就会减半"（The flame that burns twice as bright burns half as long）。编者根据其含意，意译为《道德经》第二十三章的这句话。——编者注

种奇怪的血管系统，但它们的静息心率和人类差不多。

作为科研人员，我年轻时曾做过一段时间的枪乌贼实验。我需要把枪乌贼拿在手里，感受它们扭动的样子，然后用锋利的外科剪刀把它们的头剪下来。要分离被称为巨轴突的脂肪神经细胞（巨轴突对研究神经冲动的传递非常有用），这一步必不可少。这种活体解剖尝试对一个学生来说没有任何价值。任何稍微有点儿智力的人，只要能找到一本生理学教科书，就能理解"动作电位"的作用原理：钠离子内流→去极化，钾离子外流→复极化，接着是超射和恢复。我剪刀下的那些受害者在不顾一切地喷墨求生之前，是否能感觉到我手指上的脉搏在加快？几个世纪以来，神经学和心脏病学领域的研究都离不开虐待动物。[6]

昆虫有一个开放的循环系统。它们苍白的血液（血淋巴）被泵入一根在外骨骼下方沿着背部延伸的血管，然后被排进体腔。在这条血管位于腹部的末端有一颗心脏，它通过收缩将血液推向头部，并流向体腔的其他部位。当心脏处于两次搏动之间的放松状态时，血液通过成对的进血瓣膜回流到心脏。有些昆虫的心脏可以让血液反向流动，将血液直接挤压到腹部。然后，更小的收缩血管（辅助心脏）将血液泵送到翅膀和触角。这个循环系统为组织提供营养，但气体交换的任务由气管系统承担。气管系统通过外骨骼上的小孔，将动物的每个部分与外界空气连通。这些气管在不同体型的昆虫身上都能发挥作用，从微小的柄翅卵蜂到老鼠大小的巨大花潜金龟幼虫。

蜘蛛和昆虫一样，有一个开放的循环系统，但它们的血淋巴还另有一个任务：为中空的四肢提供液压动力。胸腔内的血淋巴受挤压后压力升高，使腿部伸展；释放这种压力，腿部肌肉就会把四肢拉向身体。蜘蛛死后四肢会向内卷曲，就是出于这个原因。[7] 在哺乳动物身上发现的心率和体型之间的关系也适用于蜘蛛。[8] 小型跳蛛的心率在每分钟 100 次以上，而狼蛛的心率还是每分钟 10 次。在这个体型范围内，跳蛛和其他活跃捕猎者的心跳往往快于那些会织网的蜘蛛，例如剧毒的棕色隐遁蛛。后面提到的这类蜘蛛织好粗糙的网后，就会漫不经心地等待，沉浸在蛛形纲动物特有的梦境中，直到昆虫被网缠住，才会引起它们的注意。

在改造不同动物群体循环系统的过程中，大自然只能在有限的身体部位中做出选择，以解决流体力学的问题。不管血管是仅携带食物，还是在携带溶解的营养物质的同时携带氧气，泵都是必不可少的，它们的任务是把血液输送到血管中。血管越来越细，一直细到能为单个细胞提供服务的程度。随着演化持续进行，心脏有了心室，还会根据身体大小和行为的需要收缩和扩张。长颈鹿的出现带来了一些显著的挑战，但加长的颈动脉和升高的血压，可以防止比心脏高 2 米的大脑发生眩晕。不过，尽管自然选择对解剖结构进行了这些改造，但血管组织的基本结构从未发生过那么大的变化。根据这些基本自然规则，在蠕虫演化出了每秒跳动一次的心脏之后，蛞蝓、蜘蛛、鱼和其他动物也加入了这一行列。

与血管工程的守旧性相一致的是，我们发现心脏发育的遗传基础和控制心跳的机制也具有普适性。果蝇幼虫孵化时，如果一个特别重要的基因发生突变，就不会发育出心脏，这一事实导致研究人员将该基因命名为"铁皮人"。希望拥有一颗心脏的铁皮人是《绿野仙踪》中最令人同情的角色，他对所有生物都表达了一种佛教徒般的敬意。[9] 在人类中也发现了相同的基因，它有一个没那么有诗意的名称：NKX2.5。这个基因序列的突变会导致胎儿发育过程中发生畸形，包括心腔之间出现小孔、主动脉异位等。值得庆幸的是，许多先天性缺陷可以通过儿科手术修复。

心脏节律性搏动在动物中广泛存在，即使心脏与神经系统分离，心肌细胞组成的孤岛也会怦然跳动。在某些情况下，这种搏动就是一种诅咒。被寄生蜂的神经毒素蜇伤后，昆虫和蜘蛛的依赖于神经冲动刺激的肌肉就会失去控制，身体进入瘫痪状态，但由于心脏仍在跳动，因此它们能存活下来。这种可怕的命运为黄蜂幼虫提供了充足的新鲜食物，它们从产在无助的寄主身上的卵破壳而出后，就可以大快朵颐了。同样地，从瘫痪状态的鱼类和爬行动物身上割下的心脏会持续跳动数小时，这给生物学专业的学生以启示。阿兹特克祭司将祭牲的心脏献给他们的神——威济洛波契特里时，那些心脏仍在跳动。心脏移植时，所有的神经连接都被切断了，但供体心脏中完整的节律性搏动还会在第二个身体中维持着原有的脉搏。移植的心脏对运动或兴奋没有那么敏感，但是心率不减反增，达到每分钟 100 次，甚至更快。[10]

新生儿的脉搏和呼吸频率都很快：脉搏每分钟 120~160 次，每秒呼吸一次或 1.5 秒呼吸一次。这些迹象，连同肌肉紧张度、以大声哭泣表现出来的兴奋性和全身粉红色的皮肤，预示着一个充满活力的未来，尽管是经受创伤后的。多年以后，当他/她躺在床上，脸色灰白而不是泛着粉红色，胸部停止起伏时，人们会在发现没有脉搏后做出"他/她死了"的判断。威廉·华兹华斯在他的诗歌《她是快乐的精灵》（1805）中描绘了生命的琐碎细节：

> 现在我用平静的目光端详她
>
> 机器一般的每一次脉搏；
>
> 她的呼吸散发着思想的气息，
>
> 前行在生死之间的旅途上。[11]

我们（乃至整个自然）一边搏动，一边在生死之间游历。华兹华斯在这首诗中使用的格律和他在"I wan/dered lone/ly as/ a cloud"（《我独自漫游，宛若一朵浮云》）中使用的格律一样，都是四音步抑扬格。每个抑扬格都是成对音节构成的音步，上面的粗体字标出了每个抑扬格中的重读音节。五音步抑扬格多一个抑扬格，我们在莎士比亚的第 12 首十四行诗中听到的就是五音步抑扬格："When I / do count / the clock / that tells / the time."（《当我计算着时钟报出的时分》）埃德蒙·斯宾塞在他的伊丽莎白时代的史诗《仙后》（1590）中使用了六音步抑扬格，亦称亚历山大诗体，作为每一节的总结行，在这之前是八行五音步抑扬格诗行。

六音步抑扬格是古典希腊和拉丁诗歌（比如荷马和维吉尔[①]的诗）使用的一种格律，一些现代说唱音乐人也会使用这种形式，由一个长音节和两个短音节（非重读音节）组成。阿尔弗雷德·丁尼生勋爵在《轻骑兵的冲锋》（1854）中使用了成对的抑扬格，诗的开头写道："Half a league, half a league, / Half a league onward."（半里格[②]，半里格，向前冲杀半里格。）在每行中连用6个抑扬格，这在英语诗歌中并不是特别适用，但是在德语诗歌中能更好地发挥作用。德国和奥地利的研究（当时当地的研究不带偏见）表明，背诵六音步抑扬格诗歌对脑损伤引起的语言障碍和语言理解障碍可能有治疗作用。证据来源于一项研究。该研究表明，背诵《奥德赛》或《伊利亚特》译本的诗句能协调研究参与者的脉搏频率和呼吸模式。[12] 参与者非常放松，他们每分钟6次的呼吸频率和每分钟60次的心率在"人智学语言疗法"领域可能有一些价值。《伊利亚特》在一开始就描述了心跳的声音："Sing now *lub-dub*, goddess *lub-dub*, the wrath *lub-dub* of Achilles *lub-dub* the scion *lub-dub* of Peleus *lub-dub*."（歌唱吧，女神！歌唱珀琉斯之子阿喀琉斯的愤怒！[③]）[13]

血液循环的节奏与淋巴系统和神经系统中缓慢流动的无色

---

① 这里指普布留斯·维吉留斯·马罗（常据英文译为维吉尔），是奥古斯都时代的古罗马诗人。——译者注

② 里格（league），古老的长度单位，在陆地上 1 里格一般约等于 3 英里（相当于约 4.8 千米）。——译者注

③ 原诗中的"lub-dub"是拟声词，形容心脏跳动的"扑通"声。——译者注

液体有关。淋巴液是由血浆（我们的组织就浸泡在血浆中）衍生的液体形成的。它在通过淋巴结时被过滤，同时携带可以保护我们免受感染的白细胞。每天有多达 5 升淋巴液流经淋巴毛细血管和淋巴管，然后流入血液。淋巴液的运动没有稳定的节奏，较粗的淋巴管会不定时地持续收缩几秒，挤出淋巴管中的淋巴液。

　　脑脊液也会搏动。这种源于血浆（和淋巴液一样）的、含有盐分的清澈液体会流经脊髓中央管和脑室，还会占据保护脑和脊髓外表面的两层膜（脑脊膜，一共有三层）之间的空间。这种稀薄液体每天会产生 0.5 升，但是由于它被不断地吸收到血液中，因此只有一大葡萄酒杯那么多的脑脊液会循环流过中枢神经系统。[14] 据记录，这种液体有多种节奏，既会形成延续几分钟的缓慢浪潮，也会以每分钟 8 个波次的频率完成快速运动。这些似乎与心脏收缩有关，但是由于组织的屏障作用，脑脊液的运动是与血流分隔开的，其规律性与心跳关系甚远。

　　消化系统的平滑肌同样会搏动，例如胃每过 20 秒就会缓慢收缩，肠道每 5 秒就会进行一波快速的挤压运动。和心脏一样，消化系统通过自主神经系统与大脑相连，这种神经系统控制着生命的无意识活动。有 5 亿个神经细胞包围在消化系统外面，可以说，从嘴一直包围到肛门。这些神经形成了一个相互连接的网络，即第二大脑，控制着血液供应和消化酶的释放，筹划编排这些至关重要的波浪状收缩运动——前端的单向蠕动和靠近后端的双向混合运动（被称作分节运动）。第一大脑和第二大脑通过迷走神经连接，即使迷走神经被切断，消化系统也会继续有规律地搏动，就像心脏一样。肠壁上的起步细胞会激发蠕动波，无论能否与头部对话，肠壁都会收缩。但这并不意味着第二大脑非常聪明。我的第二大脑就是一个脾气暴躁的家伙，解决问题的能力很差。

我们描述完肠的持续蠕动，接着讨论男性和女性高潮的短暂性。20 世纪 70 年代末，明尼苏达大学的一些经典实验利用肛门和阴道探针，记录那些使自己达到性高潮的志愿者的骨盆收缩情况。[15] 从众多志愿者不同类别的性高潮来看，平均而言，女性的骨盆在 36 秒内每 2 秒收缩一次，而肛门探针探测到男性在 26 秒内每 1.5 秒会收缩一次。伴随而来的精液喷射是一个高速事件，发射速度为每小时 45 千米，略快于第 1 章中提到的大炮菌的孢子发射速度，但发射距离远不如大炮菌——后者的发射距离是 6 米。我们继续讨论生殖系统。子宫在整个月经周期都会缓慢收缩，在卵巢中卵泡成熟时每分钟收缩一两次，然后频率逐渐增加，至排卵时增加到之前的 2 倍。随着子宫内膜脱落，不规律的收缩还会导致经期腹痛。

心脏、淋巴管、脑脊液、消化道和生殖器官中的肌细胞收缩，是由附着在内部蛋白丝表面的分子马达驱动的。当这些分子马达像渔民拉网一样抓取、松开蛋白丝时，蛋白丝就会相对滑动，拉扯细胞两端的细胞膜。当蛋白丝同向滑动时，肌细胞缩短，变成肥厚状；随后，蛋白丝相对滑动，肌细胞放松下来。肌细胞的这些变化是由细胞内纵横交错的生化反应波控制的。新鲜的蛋白质从无到有只需要 10 秒，但这些化学反应中有很大一部分属于毫秒级甚至更快的变化，瞬间就能完成。与此同时，细胞协调收缩，使肌肉有规律地搏动，既不会太快，也不会太慢，一秒一秒，推动液体四处流动，促使食物通过肠道、血液流经全身。当我们集中注意力时，我们能感觉到心跳，但我们更有可能只听到"通"的一声，而不是通过听诊器听到的"扑通"声。心脏的每一次跳动都将我们推向未来。我们再一次引用华兹华斯的诗，《序曲》这首诗中使用的是一种松散的五音步抑扬格，用在这里非常适合：

> 生命和自然，用痛苦和恐惧
>
> 以及诸如此类的手段
>
> 从点滴之处净化情感和思想
>
> 清洗灵魂的罪孽，直至我们
>
> 在心脏的跳动中发现宏伟壮丽的含义 [16]

感受着心脏的跳动，我似乎可以确定过去、现在和未来都是实实在在的时间。几分钟前，一只库珀鹰落在了我的花园的栅栏上。它看着在草坪上啄食的鸡，在心中做着选择。从体型来说，那只名叫罗西的白矮脚鸡将是足以让它填饱肚子的完美大餐。我打开窗户，库珀鹰飞走了。在过去，罗西有可能被叼走；现在，库珀鹰飞走了；也正因为如此，罗西才有未来可言。但一些哲学家和物理学家不同意用这种简单的方式解读事件。

现时论哲学认为现在是唯一存在的时间。这个观点似乎很合理，尽管有点儿局限。未来还不存在，过去的事情已经发生过了，因此，确实只有现在才是真实的，不管它多么短暂。现时论与永恒论以及块状宇宙理论形成了鲜明对比，后两者认为没有客观的时间流，主张过去、现在和未来共存。这与我们的生活经验相矛盾：今天我正在家里写这段文字，天在下雪；昨天我在旅行；我不知道下周自己要做什么，不知道雪是否会融化，甚至不知道自己是否还活着。永恒论者喜欢考虑多元宇宙，为所有可能的世界和事件安排了大量不同维度的宇宙。谁知道呢，也许在另一个宇宙里，我是香蕉脱口秀主持人，正在采访约翰·弥尔顿，而他是一个夸夸其谈的家伙。最后，处于发展阶段的块状宇宙理论承认过去和现在是存在的，而未来很容易受影响，未来的事情很快就会发生，然后就会变成历史档案的一部分。最后一种观点似乎是最合理的，因为它与我们对时间的常见描述一致。

即使我们不能接受赞同永恒论的物理理论，我们也清楚地知道"现在"是相对的，我的"现在"与围绕另一颗恒星运行的行星上的"现在"是不一样的。如果天文学家登上围绕恒星开普勒–446运行的一颗系外行星，将他们功能强大的望远镜对准我的花园，那么他们会看到17世纪的情形：一个印第安人家庭正在这里种植玉米。离地球近得多的比邻星b是离我们最近的系外行星。如果居住在比邻星b上的人希望我收到他们的友好问候，那么他们需要早于地球时间4年发送无线电波。但是，无论我们是坐在客厅的壁炉边，还是在宇宙的其他地方，我们的心脏都会跳动，人的平均寿命中的 20 亿秒都会随着壁炉台上的时钟，与它依据铯原子设定的每一秒发出的嘀嗒声一同慢慢流逝。一秒就是一秒。

第
3
章

蝙蝠

分钟和小时（10^2~10^3 秒）

他在车旁站了几秒，感受着黎明前空气中的寒意，看着呼出的白气消散在黑暗中，然后驾车离开。这一天剩下的时间在不知不觉间流逝，直到睡着之前，他才从有节奏的脉搏中，感觉到他的生命在一秒一秒地跳动着。多年以后，在他生命的最后几个星期里，呼吸变得困难了，曾经是本能反应的行为现在也让人感到有心无力了。在难以入眠的那几分钟、几个小时，每一秒都让他感到痛苦。女儿经常在下午来看他，大声朗读他最喜欢的几首诗。她故意装腔作势地朗诵，把他逗笑了。这时候，他忘记了呼吸的艰难，时间似乎过得更快了，直到女儿的离开。

当我们欣然接受或者咬牙忍受活着带给我们的体验时，我们都会数着秒，但是那一连串的事件，无论是否值得纪念，都会耗去几分钟或者几个小时的时间。

维吉尔在《农事诗》中说，当我们被眼前事物分散注意力的时候，时间悄然流逝：

但在我们徘徊不前，沉迷于细节之时

时光飞逝，一去不复返[1]

与我们在第 1 章中讨论的那些动作相比，行为片段（behavioural episode）简直就像持续了一个时代，但它们都是由这些无意识的化学和机械过程通过相互叠加和相互作用汇总而成的。从晚春一直到秋天，我的花园上空都有小棕蝠在振翅飞翔。社区旁边有一条小溪，上面横跨着一座廊桥。小棕蝠的巢就筑在廊桥的橡木顶棚下面。这种哺乳动物体型和小鼠相仿，但体重只有后者的 1/3。它们身手敏捷，每秒扇动膜质翅膀 8 次，在空中一掠而过。因为它们不断地掉转方向，追逐在俄亥俄州温暖空气中飞行的摇蚊、蚊子、飞蛾和甲虫，所以它们几乎每分钟都会画出一个拉长的数字 8。小棕蝠可以根据喉部发出的声呐脉冲反射波，确定这些昆虫的位置。蝙蝠通过解码这些回声，在它们的听觉空间中创建三维图像，其中包括昆虫的位置。在接近猎物并准备发起致命一击时，它们会增加声呐发射的次数，锁定那些猎物。这种捕猎行为被称为鹰猎，尽管蝙蝠的最高速度还不到盯上了我的小鸡的那只库珀鹰的速度的一半。

手持式超声波探测仪可以将蝙蝠的回声定位频率纳入我们的听觉范围，从而让我们听到蝙蝠的声音。探测仪将这些充满活力的呼叫转换成像铁皮鼓一样的咔嗒声。当蝙蝠飞向探测器时，这种咔嗒声就会增强。在蝙蝠击中猎物后，它就不再发出这种声音。它用锋利的牙齿咬碎昆虫，然后继续在树木之间盘旋。咀嚼肥肥的蛾子，一定就像吃奶酪馅饼，嘎吱嘎吱吃完壳质外骨骼，就会露出质地柔滑的内部组织。应该是这种感觉吧？

《成为一只蝙蝠会是什么样的感觉？》是美国哲学家托马斯·内格尔在1974年发表的一篇有争议的文章的标题。[2]内格尔认为，我们不可能理解蝙蝠的生活体验，因为身为蝙蝠（或任何其他动物）的体验不能被简化为可被科学测量的现象。今天，一些坚持认为在心理机制和科学规律之间存在着固有障碍的教授把他的观点搬到了哲学课堂上。他们闭口不谈的是，他们显然忽略了意识的另一种超自然解释。此外，他们没有解释，除了神经和内分泌系统提供的电流和麻醉剂以外，为什么蝙蝠或人类的生命体验还需要其他的东西。内格尔和他的现代追随者们似乎陷入了一个泥沼，那就是17世纪他们的前辈勒内·笛卡儿所倡导的身心二元论。

虽然我们无法用小棕蝠的智慧和它的深层情感来取代我们的意识，但我们完全可以理解这种体验。[3]内格尔过于偏激，认为回声定位是人类无法理解的东西：

> 虽然蝙蝠声呐很明显是一种知觉，但其运转方式与我们所拥有的任何感觉都不相似，因此我们没有理由做出它与我们所能经历或想象的任何事物相似的主观判断。[4]

这个观点毫无道理可言。首先，蝙蝠的声呐是"由哺乳动物'常规'听觉系统"演化而来的，这意味着它只是我们的听觉系统演化出的另一个版本。[5] 虽然我们无法通过耳朵描绘天空的样子，但我可以闭上眼睛，用探测器侦听蝙蝠的呼叫，粗略体会这种增强的感觉。回声定位的坚定爱好者在领会翼龙的体验时可以更进一步，通过反射回来的咔嗒声来想象周围的环境，同时想象自己正迈着沉着的步伐，在城市街道上漫步。[6] 正如一位著名的神经生物学家所指出的那样，回声定位"并不是魔法"。这也是哲学家必须放弃这个没有根据的观点的又一个原因——正是这个观点让他们得以将意识视为独立于物质世界之外的东西。[7]

蝙蝠的回声定位利用的是肌肉快速收缩发出的声音。其速度之快，在自然界中名列前茅，只有响尾蛇发出嘎嘎声、蟾鱼发出呼噜声的肌肉运动速度可与之比拟。[8] 小棕蝠每秒能发出 200 次叫声，每个音持续几毫秒，最高频率为 80 千赫。我们听不到这个频率的声波，也听不到任何频率高于 20 千赫的声音。我们这一代中有许多人的听觉范围甚至都无法接近这个频率，因为 20 世纪 70 年代的现场摇滚音乐会造成了内耳损伤。当时在场馆外面，音乐会的声音听起来似乎十分协调，但那是经过层层砖石过滤后的效果。

蝙蝠和其他动物的惯常行为通常会持续几分钟至几个小时，这也是在动物行为研究（动物行为学）中占据首要地位的时间尺度。为了继续探索成为另一个物种是什么感觉，我们可以着手研究小棕蝠的情感生活。它们飞来飞去，飞了一分钟又一分钟，有时一飞就是好几个小时，中途也不会在房梁上歇息一会儿。它们似乎很享受夜间狩猎，在飞行过程中的每一秒都保持清醒。成功捕杀昆虫后，它们就会迎来令人愉悦的血清素爆发。那么它们的猎物有什么体验呢？蚁狮是在我的花园上空盘旋的蝙蝠最喜爱的珍稀美味之一。这种在沙土中挖坑的昆虫是蚁蛉的幼虫，这一阶段占据了蚁蛉生命周期的大部分。成年后，它们化蛹而出，变成蚁蛉。它们一旦开始振翅飞翔，就成了蝙蝠的猎物。面对速度更快、配有声呐的捕食者，蚁蛉似乎无能为力，但是在蝙蝠飞行觅食时，如果它们能提前一两秒听到蝙蝠靠近的声音，它们就能逃脱追捕。听到声呐发出的可怕声波后，蚁蛉会将翅膀保持在水平位置静止不动，弯曲腹部，贴到胸腔下方，然后俯冲。[9] 蚁蛉的这种行为与战斗机飞行员的操作颇为相似。为了让飞机俯冲，飞行员会操纵尾翼的升降舵向下偏转。蚁蛉是如何听到蝙蝠声呐的，目前还是个谜。一些蚁蛉的近亲昆虫通过翅膀上的一对内有液体的突起检测蝙蝠的超声波，这些突起里装有微小的"耳膜"。或许在蚁蛉成年后精致的翼翅静脉上的某个位置，也藏有类似的结构。

蚁蛉的幼虫阶段可以持续两三年，在大部分时间里它们都在耐心地等待机会，准备发起极端暴力的偷袭。一只忙碌的工蚁在不经意间犯了一个错误，走到了一个沙坑的边缘处。它滑倒了，试图向上爬，然后就开始扑腾起来。一粒粒沙落在它的身上。相比于它的体型，这些沙粒有砖瓦那么大。随着沙土崩塌，它掉回坑里，被一对弯曲的颚咬住。啪的一声，它的外壳被咬破。随后，它被拖到下面，眼前一黑，什么也看不到了。[10] 大获成功的捕猎者是一只蚁狮，这是它一个月来的第一顿美餐。在这只幼虫与蚂蚁搏斗的一秒又一秒里，它们都在一种叫作章胺的激素（相当于昆虫的去甲肾上腺素）的冲击下把速度发挥到了极致。蚁狮体验到了几分钟的味觉快感，然后又继续过着它的单调生活。它耐心地等待着，等待沙子发生轻微的移动，这是访客的信号。对它的神经系统来说，这次短暂的搏斗肯定能带来非常好的回报。否则，它为什么要等待呢？

虎蛾不像俯冲的蚁蛉那么懦弱，它们会选择继续飞行，并弯曲胸部的小块鼓膜，"咔嗒咔嗒"地发出自己的超声波，干扰蝙蝠的声呐。[11] 蝙蝠被这些快速的咔嗒声所迷惑，错过了目标。虎蛾继续飞行，嘲笑着试图捕食它们的倒霉蛋。我们可以沿着这个"虫洞"继续前行，研究成为蝙蝠、蚁蛉、蚂蚁和飞蛾乃至其他物种是什么样子，详细描述整个生命树的生命体验，并发现（正如博物学家约翰·缪尔所说的那样）"每当我们试图单独挑选某个事物时，都会发现它与宇宙中的其他一切事物息息相关"[12]。但在我们继续之前，还有一种与蝙蝠有关的生物值得一提，那就是会导致白鼻综合征、使小棕蝠从 2008 年世界自然保护联盟认定的"无危"物种变成 2018 年认定的"濒危"物种的真菌病原体。这种有害真菌的传播，再加上昆虫数量急剧下降，正使小棕蝠濒临灭绝。在这种情况下，体验当一只小棕蝠的感受就是一大幸事，因为这些敏感的生物浑然不知末日即将来临。它们活在当下——或者说在它们神经系统固有的延迟所允许的范围内尽可能地接近当下，期待在日落之后离开巢穴。据我们所知，它们从来不考虑明天会是什么样。它们的生命以秒为基础，行为通常耗时数分钟至数小时，而对于未来它们几乎毫不关心。

齿鲸是海洋里的声呐大师。齿鲸亚目中大脑最大的抹香鲸捕食枪乌贼时，使用的常规听觉技术非常复杂。它们会挤压空气使其从其中一个鼻腔通过，同时关闭头部前方一对叫作猴唇体的瓣膜，发出"咔嗒咔嗒"的声音。当猴唇体合拢时，向后发射的声波就会通过一个叫作鲸蜡器的鲸蜡储存囊，被里面的一个气囊反射后，掉头向前传播，通过头部另一个装满鲸蜡的腔室，进入海水。声波被枪乌贼（有可能在 0.5 千米以外）反射回来后，通过抹香鲸下颌后部的脂肪块传送到内耳，然后由 8 千克重的大脑解码。它们利用嗡嗡声追捕枪乌贼，很容易让人想起蝙蝠在逼近飞蛾时发出的咔嗒声。但与蝙蝠的咔嗒声不同，抹香鲸发出的声音频率在人类可以听到的范围之内。抹香鲸发出的声音最高可达200 分贝，会损伤潜水员的耳膜，但我们不会游到接近抹香鲸捕杀枪乌贼的深度。戴潜水呼吸器的潜水者很少能潜到 50 米以下，而抹香鲸的常规捕猎则需要用 30~40 分钟的时间，潜到 400 米的深度。一些耗时特别长的下潜甚至到达 2 千米的深度。

抹香鲸还会使用这套声音系统与其他鲸交流，但我们不知道，除了"我在这里"和"你在哪里？"以外，它们还会说些什么。我们不懂它们的语言，而且对我们来说，当一头鲸的体验带来的怪异感在许多方面似乎并不比成为蝙蝠来得少。鲸在水中不断穿梭，它们的栖息地不仅位于海洋深处，而且是三维的，与我们远足时关注的二维环境形成鲜明对比。就像我们惊异于鲸的体验一样，它们可能也会对我们的异想天开感到奇怪。赫尔曼·麦尔维尔在《白鲸》（1851）中就思考了这个问题：

> 但是，当我们的视线越过船舷向下凝视时，在上面这个奇妙世界的下边，在海水深处，另有一个更加奇特的世界进入了我们的视野。因为在明净如苍穹的海水中，悬浮着许多正在给小鲸哺乳的母鲸。另外还有一些鲸，从它们粗大的腰围看来，似乎很快也要做母亲了。我说过了，这片水域虽然很深，却清澈透明。人类的孩子在吃奶时，眼睛不会看着母亲的胸脯，而是平静地盯着其他地方，仿佛在同时过着两种不同的生活：一边汲取尘世的滋养，一边通过神秘的追忆往事享受精神上的美餐——这些小鲸就是这样。即便如此，它们似乎也正仰着头，朝我们这个方向看过来，但又没有在看我们。在这些新生命看来，我们这些人似乎只是一些马尾藻而已。在它们身边游弋的母鲸，似乎也在静静地看着我们。[13]

生物编制视觉图像的方式各不相同，因此我们在回答"当一个＿＿＿是什么感觉？"这个问题时，还会面临另外一些挑战。与人类相比，昆虫每秒可以处理更多的图像。当我们坐在那里，沉迷于电视上脱口秀主持人的表演时，如果有一只蜻蜓落在沙发的扶手上，那么屏幕上缓慢翻动的静止画面肯定会让它打哈欠，它肯定会选择清理自己的触须，而不是等待屏幕上那位正在因为自己的才华而沾沾自喜的"大神"收敛得意的笑容。蜻蜓的"闪光融合频率"超过 200 赫兹，这意味着它们可以每秒感知 200 多幅不同的图像。脊椎动物的闪光融合频率各不相同，体型越小的动物，在同等时间内收集的信息越多。这会让人们觉得小动物的时间似乎过得更慢，它们在几分钟内完成的活动比我们在一个小时内完成的还要多。[14] 这是人类难以理解的动物行为特征之一，但并非不可能被我们理解。苏格兰当代艺术家道格拉斯·戈登在 1993 年创作的电影《24 小时惊魂记》里，将阿尔弗雷德·希区柯克 1960 年拍摄的电影从每秒 24 帧放慢到每秒 2 帧，将观看体验从 109 分钟延长到一整天。[15] 在原版中持续两分半钟的著名的淋浴戏，在戈登的版本中延长到了半个小时。我们观看戈登的电影，与蜻蜓观看原版是相同的体验。毫无疑问，我们还会和它们一样迷恋于珍妮特·利的美丽。（不过，当镜头被放慢到每秒 2 帧时，她那不够整齐的牙齿非常抢眼。）

对黏菌的视频进行慢动作剪辑意义不大，因为没有什么好放慢的。这些生物比任何东西都更能让几分钟、几小时的时间悄然流逝，因为无论时间长短，它们几乎都一动不动。它们的名字是懒惰的化身，而且黏糊糊的令人不快。尽管黏菌遭到了这种以人类为中心的诽谤，但我们还应该注意到一些对它们非常利好的事实：黏菌已经存在了数亿年，颜色鲜艳，非常美丽，在人类变成化石后它们还会长期存在。黏菌这个常用名称指的是这些生物生命周期中的一个阶段。在这个阶段，微型变形虫融合在一起，形成闪闪发光、引人注目的软泥状的东西，在腐烂的木头上移动，吸收细菌、真菌孢子和其他有机物碎片。这个阶段的黏菌叫作原质团，大的原质团可以包裹住整个树桩。这些巨型变形虫有像血管一样四通八达的维管通道，包括始于原质团后部的较粗的维管（类似于静脉）和延伸至跳动的群落边缘的"毛细血管"。

如果在树林里观察活跃的原质团，就有可能看到它在闪烁着微光。原质团表面的这种细微颤动是它的"静脉"中液体持续运动引起的。含有脂肪球和闪光颗粒的细胞液（细胞质）以每秒1毫米的速度流过"静脉"，每隔1分钟或1.5分钟就会掉转方向。低倍显微镜可以显示这种生物的非凡活力。在镜头下，液体沿一个方向穿过视野，然后停下来，接着掉头，沿相反方向流动。能量通过"静脉"输送到原质团的各个部位，包括黏菌原先所在的部位和以每小时几毫米的速度向外扩张的边缘。细胞质在"静脉"中的流动，是黏菌体内蛋白丝的运动驱动的。蛋白丝就是黏菌的骨骼，它的运动就相当于分子水平上的肌肉收缩。植物的叶脉中没有类似现象。水和溶解的糖在树叶中流动时，不会每过一两分钟就掉转方向。

黏菌所在的生物类群还包括各种变形虫。变形虫是一种单细胞微生物，就像是比萨一样的原质团的微型化版本，经常在池塘中分解的植物枝叶上活动。所有这些类变形虫生物，与动物和真菌的关系比与植物的关系更密切。把它们的活动能力与无法移动的植物进行对比，就会发现这个事实似乎并不令人惊讶。当原质团在周围环境中流动着寻找食物时，它们会绕过障碍物，选择最佳路线，通过"静脉"传送自己。[16] 如果原质团的某一侧发现前进路线上有大量营养物，整个有机体就会向那个方向移动，而不是继续往没有任何发现的地方扩散。这是可以理解的。一旦一个地方的食物耗尽，黏菌就会改变流动方向，继续寻找，直到在其他地方找到新的食物来源。

为了增加找到食物的可能性，原质团不会浪费时间跑回它已经去过的区域。它"知道"避开有黏液痕迹的表面，就可以实现这个目的。利用这个简单的方法，原质团绘制了一幅地图。通过事后奖励食物加以训练，原质团还可以学会越过有化学驱虫剂的障碍。这是习惯化的典型范例。当它们与附近的原质团接触时，它们甚至可以传递这一信息，让后者学会克服自身对刺激物的与生俱来的厌恶感，以获得食物奖励。这种记忆持续的时间不会超过几天。这一点与黏液痕迹不同，黏液痕迹会在黏菌的整个余生不停地发出"避开我"的信号。原质团没有任何长期的内在记忆。童年时留下的黏液会一直困扰它们，但是在一个下午被甲虫破坏一些"静脉"后，它们很快就会忘记这次袭击。

通过对黏菌的大量实验，我们发现它们对周围环境很敏感，在寻找食物时表现出智慧，能从成功和失败中学习，并决定接下来去哪儿。（在实验中，光照代表有危险。之所以可以这样设定，是因为黏菌喜欢阴暗环境。）有如此表现的巨型变形虫和《绿野仙踪》里的稻草人一样没有大脑。没有大脑的一个后果是没有意识。黏菌拥有智慧，却没有意识；它们能感知，却无法认知感知到的东西；它们很警觉，却不知道自己很警觉。这似乎是和当蝙蝠、鲸或者人截然不同的体验。与黏菌不同的是，我们把注意力转移过来，就会注意到流逝的时间。但是，当我们查看秒两边的时间框架时，就会发现黏菌并不像表面看起来那么简单。和动物的生命一样，黏菌的存在依赖于不足一秒的时间段发生的连续的常规生化变化。黏菌的基本细胞机制是与我们相同的。在分钟和小时的时间框架里，原质团的行为清晰可辨，就像我们的行为一样，但是不管是哪个人都无法在这么长的时间里持续集中注意力。我们知道过去的一个小时已经过去了，但在那一个小时里，我们大部分的时间都会心有旁骛，不会始终注意时间的流逝。人类的意识体验在几秒内产生，而黏菌没有这样的体验。在生命的其他方面，我们和黏菌并没有很大的区别。

　　黏菌的最后一个特性可能有助于说服我们，让我们相信笛卡儿把人类思维凌驾于万物之上的做法是错误的。人类的决策似乎超越了简单程序的规则，这被认为是人与机器人的一个关键区别。就在不久前，把昆虫视为没有思维的机器还是风靡一时的做法，但动物行为学家和神经生物学家已经战胜了这种不切实际的想法。即使没有大脑，黏菌看起来也比机器人更聪明。当人们面对两瓶品质和价格相差不大的葡萄酒时，购买其中任意一瓶的概率大致相同。再加入一瓶非常便宜、品质也很差的葡萄酒，供消费者选择，就会对消费者产生显著影响，增加他们在原先两瓶酒中选择较便宜的那瓶的可能性。在第二个实验中，原先两瓶酒的价格和质量都没有改变，但诱饵在决策过程中引入了噪声，使消费者将价格置于品质之上去衡量。黏菌也有同样的特点。[17] 在没有诱饵的情况下，原质团在光亮处（没有吸引力）的高质量食物（有吸引力）和阴暗处（有吸引力）的低质量食物（没有吸引力）

之间做选择时，选择前者和选择后者的概率相同。当阴暗处有质量特别差的食物做诱饵时，原质团往往会忽略光亮处的高质量食物，增加对阴暗处低质量食物的偏好。它们似乎就像超市里的购物者一样不理性。

当然，从深层次看，黏菌和人类的行为都具有确定性，会响应环境条件变化，做出预设的反应。这两种生物都没有自由意志。是否会感到无聊，是动物和黏菌之间为数不多的基本区别之一。黏菌不会受此影响。教育心理学家认为，学生的注意力持续时间是有限度的，在 10~15 分钟间，因此讲课也应该限制在这个时间范围内。[18] 不过，这一结论是建立在 20 世纪 70 年代有缺陷的实验基础上的，当时的那些实验表明，在讲课过程中，学生做笔记的次数会逐渐减少。后来，一些关于人们对网页的注意力的研究表明，人类的注意力持续时间只有 8 秒。金鱼保持注意力的时间至少比我们长 1 秒。其他研究表明，人类的注意力持续时间正在一代一代地减少。但这些发现几乎都没有任何价值，因为我们不知道如何衡量注意力。

有人认为注意力是一种濒危资源，而电脑的使用是罪魁祸首，但也有人观察发现，一些电子游戏爱好者因为沉迷于这项运动，以致严重脱水并因疲劳而昏倒，这两者显然是矛盾的。如果讲课枯燥乏味，学生只能保持几分钟的注意力是可以理解的。书籍、电影、音乐、运动和其他需要花费几分钟甚至几个小时的娱乐活动也是如此。从事这些活动时，时间一分钟一分钟、一个小时一个小时地过去，没有人会持续地关注每一秒。当我们看着时钟，思考发生了什么，以及下一步该怎么做时，就能很容易地发现时间迟缓地流逝。当我们专注于眼前的味道、气味、舒适感及不舒适感、七嘴八舌的人和喵喵叫的猫时，时间总会过得飞快。此时我们活在秒这个时间框架里，而我们的行为却会持续几分钟，甚至几个小时。

关于最忙碌的动物行为，就说到这里。接下来我们来看看植物，它们的迂回曲折的变化是由安静的地球自转和围绕太阳公转时的悠闲节奏所决定的。

插图 1　葡萄牙战舰水母，亦称僧帽水母（*Physalia physalis*），其实是一种管水母，不是真正的水母，由个虫集结形成的群体构成

插图 2　大王乌贼（大王
鱿），和其他枪乌贼以及章
鱼一样，有三颗心脏

插图 3　小棕蝠（*Myotis lucifugus*），一种北美微型鼠耳蝠

插图 4 睡莲，其花朵按昼夜节律开合

插图 5　一种周期蝉（*Magicicada cassinii*），其蝉群每隔 17 年就会在北美洲出现一次

插图 6　腿脚伸展、处于活跃期的缓步动物和在干燥条件下进入休眠期（被称作"tun"）的缓步动物

插图 7　弓头鲸，寿命超过 200 年

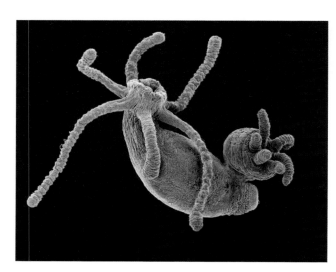

插图 8　水螅与葡萄牙战舰水母有亲缘关系，经常被用于衰老研究。在这张电子显微镜照片中，水螅正在其身体一侧进行无性繁殖

插图 9　生活在距今 4 000 多万年前始新世的游走鲸

插图 10　塞奥多罗斯·佩莱卡诺斯在炼金术小册子 *Synosius*（1478）中描绘的吞食自己尾巴的宇宙之蛇——衔尾蛇

第
4
章

花

日、周、月（10^5~10^6秒）

地球无声地自转，转动的每一周都是通过沐浴在太阳能量中的物种来测量的。随着太阳升起，有的物种会变得活跃，有的物种则进入睡眠状态，整个叽叽喳喳的动物园和枝繁叶茂的花园都开始了新的一天。在我们这个距离太阳 8 光分的地方，生物以地球日以及人类编制的日历上的周和月为周期从事各类活动，一起来凑这个热闹。受此影响，植物、动物、真菌以及数量超过它们的微生物就像在轨道上来回飞驰的雪橇一样，随着当天的日程，或加快速度，或放慢速度，把它们的基因运往未来。

从睡莲花朵的开合和兰花为吸引传粉者而释放出的香味，可以明显看出植物体内有计时器。树叶的运动是定时运动的另一个例子，豆类和酢浆草在黄昏时会垂下它们的"太阳能电池板"，等到太阳升起时又朝向太阳。植物行为的这些表现在本质上遵循昼夜节律，这意味着它们每 24 小时重复一次。时间是通过叶子细胞内时钟蛋白的涨落来测量的。时钟蛋白会相互开关，为植物配备一个可调节的日晷，可以根据改变蛋白质节奏的白昼长度发生的变化进行微调。[1]但是，即使植物学家将植物置于黑暗中，或将它们暴露在持续光照下，生物钟也仍然运行得很好。这种适应能力意味着植物有某种内部机制在运行，而不是对每次日出和日落做出新的反应。化学计时装置在自然界中随处可见。细菌、真菌和动物通过时钟蛋白之间不同次数的相互作用，记录它们生命中的每一天。

"植物学之父"狄奥弗拉斯图在《植物志》中描述了罗望子树叶的活动。[2]他根据公元前4世纪亚历山大大帝的一位海军上将在提洛斯岛（现在的巴林岛）的观察记录，描述了罗望子树叶每天的开合情况。狄泰奥弗拉斯图在书中写道，提洛斯人"说它（罗望子树）睡着了"。树叶的活动吸引了珀西·比希·雪莱，他发表于1820年的诗歌《含羞草》描写的就是一株生机勃勃的植物：

> 花园里长着含羞草一株，
> 青春的风喂给它银色的甘露；
> 它向日光张开扇形的叶子，
> 夜的吻又使它把叶片闭住。[3]

雪莱的这首诗描述了花园里含羞草和其他花朵从春天苏醒到秋天凋零的整个过程，此时"木耳、真菌还有霉菌，像雾一样从冰冷潮湿的地面上飘起"。在这首诗的结尾，他问道，含羞草"在它的外表还没有腐烂之前"，是否知道来年春天还将回归。雪莱将笔直的时间之箭扭曲成旋涡，每转一圈，都能追溯花园里的生与死，直到遥远的未来。

含羞草（*Mimosa pudica*），豆科植物，是热带地区的一种野草。雪莱有可能在写诗的时候想到了它，但这个物种与诗中的描述不太相符。含羞草叶子的开合遵循诗歌开头几行描述的昼夜节律，但它还有一个更出名的特点：含羞草受到干扰时，嫩叶就会迅速从叶面的一端向另一端合拢。[4] 这种快速的动作可能会欺骗食草动物："这里没有可吃的东西，你搞错了，试试那边吧。"此举还能在茎和枝上形成弯刺，可以作为一种备用的武器，震慑那些不肯退缩的动物。[5] 含羞草、罗望子树和其他植物的叶子遵循速度较慢的昼夜节律，肯定与食草动物的活动无关，因为它们选择了一个错误的方向（叶子在早上展开），并不能阻止在白天进食的动物。叶子在夜间闭合，有可能是导致整个惯常程序的根本原因。对这种动态变化，人们提出了一些合理的解释，包括避免霜冻伤害、使水滴掉落、减少落在叶子表面的传染性真菌孢子等。所有这些解释都不太令人满意，而这些植物我行我素，仍然在晨光中张开叶子，在星光中闭合。

植物运动可能助长了人们对植物精灵的迷信。几乎每种文化中都有这种迷信，而人变成树是神话中经常出现的诅咒。在奥维德的《变形记》中有 20 多个这种变身的例子，维吉尔在《埃涅阿斯纪》中把波利多罗斯变成了一丛香桃木，斯宾塞在《仙后》中塑造了一棵会流血并因疼痛而大哭的树。16 世纪的贵族、亨利八世的朋友托马斯·沃斯在他那首令人心碎的诗《没有痛苦

就没有快乐》中描述了历尽苦难的植物。全诗分三节，第一节
写道：

> 从未得到阳光的片刻安慰
>
> 那棵树怎能不枯萎凋零？
>
> 总是乌云蔽日
>
> 那朵花怎能不凋谢腐烂？
>
> 这是生活吗？不，你可以叫它死亡，
>
> 它感受着每一种痛苦，全然不知快乐。[6]

　　叶子的所有活动，无论快慢，都是由茎梗上的压力变化引起的。在每分钟里，巴西条纹竹芋和豆类的昼夜节律都不明显，但是在将数个小时压缩为数秒的延时视频中尤为引人注目。在这些物种的扁平叶片的基部有一个起连接作用的增厚部位，叫作叶枕。当叶枕下部的细胞吸水膨胀后，叶子就会舒展开，面向头顶的太阳。当这些细胞失去压力并收缩时，叶子就会下垂，朝向茎部。实际情况比这要复杂得多，因为叶柄一侧膨胀、另一侧收缩，才会让叶子挺立，反之则会让叶子低垂。这个过程类似于肢体运动中伸肌和屈肌的互易。叶子活动的昼夜节律依赖于时钟蛋白的数量变化。与此形成鲜明对比的是，当植物检测到自己的组织被压缩时，就会触发叶子的快速活动。在这两种情况下，压力变化的信息都是通过电子信号在细胞之间传递的。在细胞水平上，植物的敏感性依赖于一些类似于动物神经冲动传递的机制。

即使是最不活跃的植物，只要没有被寒冷的天气冻死或被太阳晒干，也会充满生机。随着地球转动，植物会在白天关闭它们的微小气孔，以保存水分，还会增加防御性化学物质的数量，以抵御按照昼夜节律设定程序启动了感染机制的真菌病原体。植物不断地调整叶片的姿态。随着水分在木质部组织中流动和含糖汁液在韧皮部沿相反方向流动，植物的围长也呈现周期性变化。人们往往认为这种振荡表明植物具有与动物相似的敏感性。20世纪60年代的研究人员将这一理论发挥到极致，他们声称植物在"听"贝多芬的音乐时会放松下来，在受燃烧的火柴威胁时会恐慌。这些蠢人，往好了说是过于轻信，他们愚蠢地无视对照实验，沉迷于对植物世界内在情感生活的幻想。[7]即使是最热心的植物学家也必须承认，由于植物没有大脑，与拥有大量神经元的动物相比，它们对环境的理解是有限的。虽然敏感性的基本细胞机制是一样的，但是当一只鹰袭击松鼠并抓走它的幼崽时，松鼠会非常痛苦，而植物的种子被松鼠吃掉后，植物从始至终都毫无反应。

进行光合作用的产色素细菌比任何植物都简单，它们对地球的旋转也有反应，用它们的效率极高的时钟蛋白来测量时间。这些分子排列成两两堆叠的甜甜圈的形状，在白天会发生一系列的化学改性，而在晚上又会发生反向变化。这个复杂的计时器就像机械表的主发条一样，日复一日地上发条、松发条。阳光可以让它复位，但与植物时钟不同的是，当细菌处于持续的光照或黑暗条件下时，很快它就会记不清时间。尽管有这种限制，细菌对地球自转周期的关注也仍然具有至关重要的意义，因为在可以利用太阳能时，它有助于细菌协调不同基因的表达，以及这些基因控制的细胞过程。在夜间，细菌会利用储备能量。它们可以预测日出时间，因此"知道"何时给自己的电池充电，为一天的工作做好准备。

其他细菌消耗环境中的有机化合物，而不是通过光合作用自己制造食物，它们也遵循昼夜节律，但不会对阳光做出反应。想想人类肠道中数以万亿计的细菌，正是它们把我们饮食中复杂的植物化学物质分解成我们可以代谢的简单化合物。这些微生物生活在永恒的黑暗中，但它们的作息节奏与太阳息息相关，因为到了早晨，我们大多数人都会暂停夜间禁食，走进厨房，准备饱餐一顿。这些细菌对表面上的主从关系做了一个令人满意的修改：通过刺激我们的食欲通知人类，它们想要一份零食，从而对我们的饮食习惯施加了一定程度的控制。[8]

"从未得到阳光的片刻安慰"的生物有很多，包括黑暗生物圈的居民，它们生活在黑暗的洞穴中，在土壤或海洋的深处，在海底淤泥中和热液喷口周围。对生长在远离阳光的环境中的生物来说，昼夜节律似乎是多余的，但有证据表明，一些生活在海底黑色含硫火山喷口的动物行为遵循昼夜节律。在 2 千米深的太平洋海底无人平台上进行的观察结果显示，著名的红羽管虫在晶莹剔透的管子中玩"躲猫猫"游戏时表现出了一定的同步性，每12 个或 24 个小时暴露的次数就会出现一个峰值。

另外一些在火山喷口表面活动的蠕虫表现出更频繁的节律

性，但在火山喷口外部爬行的海蜘蛛和螃蟹的行为似乎没有任何重复的变化。海蜘蛛"弯曲着腿，上下弹跳，有时还会跳到另一只海蜘蛛身上"。[9] 它们的行为符合蜘蛛的特点，而不是根据无尽黑暗中的特定时间完成的特定活动。想想看，数亿年来它们一直在海底的裂缝旁边跳舞，无声无息，也不会投下影子，在它们身边，富含矿物质的滚烫热液正在向深渊倾泻。弥尔顿对地狱的描述非常适合用来形容海蜘蛛的巢穴："如一座巨大火炉在燃烧，但火焰并不发光，只有可见的黑暗。"[10]

因为没有黎明和黄昏，无法根据任何明显线索辨别时间，所以管虫行为的昼夜循环很难解释。人们从位于大西洋和太平洋的两个深海观测站拍摄的视频中，找到了一些可能的线索。[11] 视频显示，管虫在一个地方现身的时间比另一个地方早 6 个小时，而这两个彼此分离的喷口群落所在时区同样相差 6 个小时。人们根据这一时间差提出了一个解释：蠕虫的节律可能是水温和含氧量变化引起的，而这些变化与月球的潮汐引力有关。

月球还会通过每个月的亮度变化，影响陆地上的生命。每年一次，珊瑚会在月圆之夜大量产卵，释放出卵细胞和精细胞。满月还会刺激蝾螈和其他两栖动物迁移到池塘和季节性池沼，参与大规模繁殖的狂欢；夜莺的筑巢周期也遵循月亮的周期，还有一些哺乳动物在"爱的菱形盾！艺术的大奖章！"（这是菲利普·拉金在诗歌《悲伤的脚步》中对月亮的嘲讽）用半个球体的全部灿烂光辉照亮我们时最活跃。[12] 第 3 章中描述的蚁蛉幼虫的挖洞行为是生命从月光中获得线索的另一个例子：这些幼虫在满月时挖的陷阱最大。这种行为的原因尚不清楚，但这种昆虫一定有一个内置的月相时钟，因为即使在室内饲养，它们也会以 28 天为周期，不断增加挖出来的锥形洞穴的宽度和深度。就像狼人一样，它们别无选择，只能听从召唤。[13]

生活在洞穴里的生物被称为穴居生物，与在热液喷口周围演化出的奇异生物是竞争对手。洞穴蠕虫和地下的虾、蜘蛛、昆虫、鱼、蝾螈及其他动物，都是从居住在地表的祖先演化而来的。过了数百万代后，它们失去了眼睛和体色素，体表温度不再每天上下变化，更好地适应了洞穴中恒定的气候。这些洞穴物种抑制了地表近亲构建眼球的基因表达，从而省下了眼睛生长所需的能量，但这些基因并没有从基因组中去除。洞穴鱼在胚胎阶段就开始制造眼睛，然后让它们退化。[14]这些动物没有眼睛，因此对光照没有反应，但它们保留了祖先的部分化学钟机制，并在方便的时候利用它来标记时间。这种能力在洞穴鱼身上表现得很明显。经过研究人员一段时间的训练后，一到定期进食的时间，它们就会变得更加活跃，为进食做准备。

昼夜节律在我们的生活中起着十分重要的作用，以至于我们一直认为它们是理所当然的。直到时钟在春天被调快、到秋天又被调慢，或者乘飞机飞越多个时区，打乱了昼夜节律之后，我们才会意识到它们的存在。作为一个经常有着夸张梦境的深度睡眠者，我的生物钟像瑞士钟表一样精准。直到我一路西行，来到亚洲之后，它才失去了准头。在日本待了一个星期后，我每天熟睡的时间仍然不超过一两个小时。于是，我不得不像一个 24 小时工作的僵尸一样，纵情享受这个国家的壮丽景色。回国后，睡梦之神总是会找到我，让我每晚至少睡 8 个小时。到了下午，我还会在条件允许时打个盹儿。

人类生物钟与植物的计时器相似，组成它们的基因会根据太阳光的出现和消失相互调节。人类生物钟里有 2 万个神经细胞，它们在下丘脑形成一个叫作视交叉上核的结构。下丘脑位于大脑下侧，大小和杏仁差不多。视网膜中的神经细胞将光照度信息传递给下丘脑，下丘脑做出响应，指挥松果体制造褪黑素。褪黑素起到镇静作用，可以降低大脑的工作强度。低光环境下产生的褪黑素更多。时差暴露了分子时钟的顽固性，在俄亥俄州养成的时差告诉我要保持清醒，尽管我迷糊的大脑知道东京此时已经是夜深人静了。

松果体是脊椎动物生物钟演化过程中的一个亮点。在一些爬行动物、两栖动物和鱼的体内，它被合成为一种叫作顶眼的器官。形似蜥蜴的新西兰大蜥蜴，头顶上有第三只眼睛，位于两只侧眼之间。它有一个微型晶状体，可以将光线聚焦在与视网膜功能相似的感光细胞上。其他爬行动物的顶眼更简单，被表皮覆盖，但所有物种的顶眼似乎都能起设定昼夜节律的作用。人类的松果体只有一粒米那么大，但勒内·笛卡儿认为它是灵魂所在（siège de l'âme），负责思考的头脑与负责机械运动的身体在这个解剖位置相互作用。[15] 他的理由之一是松果体具有非配对特性，与成对的眼睛、耳朵和大脑半球形成了对比。这位哲学家认为，这表明它可以通过大脑引导"动物灵气"，因此，我们看同一物体时不会看到两幅图像。他查看了从阿姆斯特丹屠宰场买来的牛脑中的松果体，认为尽管这些肉质结构能起到信息处理器的作用，但它们的活动并没有上升到只有人类灵魂才具有的水平。

笛卡儿的睡眠习惯与众不同。他的传记作者阿德里安·巴耶说，这位哲学家在成年之后，大多数时候都是很晚才上床睡觉，至少会睡上 10 个小时。他做过"迷人的梦，梦中有树木、花园和宫殿……（醒来后）更觉得心满意足"。[16] 这可能是嗜睡，是公认的睡眠障碍，但"持续满足综合征"这个诊断似乎更合适。这与致命的家族性失眠给人的可怕感觉截然相反，后者是由一个突变的基因引起的，它会产生一种错误折叠的朊粒蛋白，破坏大量脑细胞，使患者根本无法入睡。自从在晚年担任了瑞典女王克里斯汀娜的私人教师后，笛卡儿被迫放弃了奢侈的睡眠模式，因为女王喜欢在清晨上课。有人认为，可能正是因为伴随终生的睡眠模式被扰乱，他才在 53 岁时因免疫防御能力减弱而死于病毒感染。笛卡儿赋予松果体一个特别重要的地位，有些讽刺的是，在斯德哥尔摩寒冷的早晨，他不得不克服这个小小器官分泌的褪黑素的作用，让自己从睡梦中醒过来。

所有动物都会睡觉，有的在每天很大一部分时间里处于无意识状态，有的活动强度会随着地球转动而在强弱之间循环变化。水母的神经系统非常简单，所以人们对水母也会睡觉这个观点嗤之以鼻，直到他们发现水母在晚上会降低钟形结构的搏动频率。我们可以通过扰乱它们所在水域或提供食物来唤醒它们，但反复剥夺睡眠会导致水母第二天活力不足。更令人惊讶的是，作为一种没有大脑的生物，水母会对一定剂量的褪黑素做出反应，进入睡眠状态。线虫和果蝇的睡眠也有昼夜节律模式，这就引出了一个问题：动物为什么要睡觉？

最令人信服的解释是，地球上的居民要面对交替出现的光明和黑暗，因此每天有一段时间身体不活动是不可避免的。[17] 睡眠具有节约能量和减少被猎杀风险的双重好处。我们在第 3 章提到过的小棕蝠，每天要睡 20 个小时。它们在黄昏时扑食昆虫，消耗足够的热量，以满足眼前的需要，并为繁殖储备足够的脂肪。除此以外，一只蝙蝠还能有什么事做？在白天锻炼肌肉没有任何意义。在猛禽环伺的环境中，白天飞行是很危险的。小棕蝠的回声定位技能和猎杀对象的昼夜节律都适应了黑暗。适应性同样可以解释其他动物的睡眠需要。睡眠还有其他功能，比如修复组织，这解释了为什么我们睡个好觉后，第二天就觉得体力恢复了；反之，如果一夜无眠，第二天就会迷迷糊糊。恢复大脑活力也需要睡眠。睡眠的情感功能肯定是某种原始机制演化过程的附加产品，因为线虫和水母似乎不太可能需要在打盹儿时重温它们的担忧和欲望。

但是，大脑复杂的动物入睡后就会做梦。托马斯·纳什在《夜的恐怖》一文中写道："梦只不过是白天残留下来的幻想的泡沫。"[18] 这个伊丽莎白时代的观点与当前的观点非常接近。现在，人们认为做梦是一种信息处理机制，作用是整理白天收集到的大量多余信息，将重要的信息存档以备将来查阅。处理与巩固记忆是其他很多动物的睡眠所普遍具有的一个功能。没有足够的睡眠，蜜蜂会失去导航技能，蝴蝶会将卵产在不合适的植物上面，年轻果蝇会遇到终生无法解决的学习问题。日复一日，我们都在做梦，要么与笛卡儿漫步在芬芳的花园中，要么被裹着皮围裙的怪物推进刑讯室。最罕见、最让人满足的梦是我们在梦中想象出一个非常清晰、非常荒谬的故事，醒来后发现自己笑出了眼泪。[19]

几周或几个月的生命过程是一个重复演练昼夜节律的过程。地球表面的生物调整出这些昼夜模式，是为了适应食物供应的季节性变化，满足个体生殖周期的需要。陆地植物和水生藻类对温度和日照时间做出回应，在地球表面涂抹了大片大片的绿色。随着春天的脚步依次踏上两个半球，陆地上的植物开始蓬勃生长，海洋也因为水藻而变浑浊了。禾本科的竹子是生长最快的植物之一，它的茎每天生长接近 1 米。在竹林中，竹子生长时组织撕裂的爆裂声清晰可闻。巨藻是生长最快的海藻，它的叶子在一个生长季可以生长 45 米。哪里有液态水，哪里就有生命。我们不知道这个更广泛的全球节律，而是遵循 24 小时的生物钟，忙于直接关乎生存的各类事务。在完成那些耗时数分钟、数小时的任务的过程中，我们断断续续地感觉到时间在一秒一秒地流逝。随着这些更短的时间片段成为历史，我们注意到白昼长度的变化。随着一周又一周的时间流逝，日出时间逐日提前，然后又逐日推迟，直到我们陡然发现自己已经迈入了新的一年。

叶芝在《我的后裔》一诗中写道："塑造我们的宗动天，使猫头鹰在原地打转。"[20]在我看来，这是在说这颗适居星球上的所有生命都在随着地球自旋带来的光明和黑暗翩然起舞。昼夜节律还出现在弗雷德冈·肖夫的那首优美的诗歌《水磨坊》中（我在本书序言开头引用的就是他的诗）。在本章最后，我从这首诗中节选几句，作为结束语：

> 磨坊主有一只虎斑猫
>
> 尽管健康，但瘦得不成样，
>
> 她在阁楼上玩耍，阳光灿烂
>
> 照在装满了的布袋上，粉尘飞扬
>
> 甲虫都窒息了。轮子飞转
>
> 磨坊主的妻子睡得又快又香。[21]

第
5
章　　蝉群
年（10^7秒）

在漫长的幼年期和沉默寡言的青春期过去后，蝉和人类都会脱胎换骨，进入精神焕发的成年期，随时准备接管世界，并渴望歌唱爱的赞歌。人类的童年和北美13年蝉或17年蝉一样长。这些蝉是最长寿的昆虫之一。没有翅膀的幼蝉（若虫）会在黑暗中度过一段时间。到了夏天，蝉可以在歌唱与交配的过程中享受一段短暂的浪漫时光。罗马诗人维吉尔赞美"蝉的歌声如泣如诉，果园为之震撼"。[1] 希腊人也喜欢蝉。荷马把它们的声音比作《伊利亚特》中特洛伊城的老人，在柏拉图的《斐德罗篇》中，苏格拉底讲了一个人变成蝉的故事。道家把成年蝉的蜕皮过程称为"尸解"，意思是遗弃肉体，从此获得永生。几千年来，蝉与死亡及复活之间一直有着某种联系。与真蝉一样大小的中国汉朝（公元前206—公元220年，道教就是此时发展大成的）精美玉蝉成了博物馆藏品，在拍卖中很受欢迎。这些护身符被放在死人的舌头上，或者钻上小孔，作为活人的佩饰。[2]

每13年或17年就有数十亿只"周期蝉"同时破土而出，这是北美特有的一个奇观。昆虫学家已经描述了 3 000 种蝉，其中大部分来自热带地区，属于半翅目昆虫。这些周期性出现的蝉被归为周期蝉属（*Magicicada*），这个名字让人觉得它们的出现似乎有某种魔力①。绝大多数的蝉会在几年后从土壤中钻出来，而不会以明显的蝉群形式同时破土而出。这些都是 1 年蝉，它们每年都会纵情高歌。在梦中，我正在享受托斯卡纳式午餐，古老橄榄树下的桌子上放着几瓶葡萄酒，铺有白色亚麻布的篮子里装着面包，而这些蝉则为我奏起了悦耳的背景音乐。（我今天的午餐是一盘利用微波炉烹制的土豆和抱子甘蓝，还有面向企业用户的网络版《华盛顿邮报》。）

对于物种周期性大量涌现的权威解释是"捕食者饱和策略"。蝉从洞穴中爬出来，在一天内达到最大密度，数量远远超过了它们的捕食者。鸟类和哺乳动物（包括浣熊和负鼠）可以饱餐这些外表松脆、内里黏软的昆虫，但不会对蝉群产生影响。（我知道蝉的口感，是因为我亲口品尝过。正是有了那次令人后悔的经历，我才能在第 3 章中猜想蝙蝠吃飞蛾的体验。）因此，在夏天结束前，藏身泥土中的大量若虫的安全得到了保证。蜉蝣也会利用同样的策略，在夏季形成规模庞大的成虫群。在美国上中西部的天气雷达屏幕上，这些处于性狂热状态的昆虫就像是一团团乌云。精确选择时机对蜉蝣的壮观表演来说至关重要，甚至超过了它对周期蝉来说的重要程度，因为蜉蝣体型更小，在告别幼虫

---

① 英文中"魔力"一词为"magic"，与"*magicicada*"看似同源。——编者注

期并长出翅膀后数小时，甚至数分钟内就会死亡。有一种不太常见的蜉蝣（*Dolania americana*），雌虫会在不到5分钟的时间内交配并产卵，是寿命最短的昆虫；雄虫的寿命稍长，它们会在溪流上方来回飞行，直至精疲力竭，掉进水里。[3]

蝉将生命周期延伸到一个素数年份，这令人费解。从某种意义上说，这可能是一种自适应现象，因为它会传递某种优势。这也有可能是演化史上的一个巧合，理由是蝉并没有因为这个巧合而在与对手竞争时获得特别的优势。根据这种自适应模式，13年或17年的周期可以防止捕食者的生命周期与蝉的数量峰值相匹配。如果蝉每2年、4年、6年出现一次，捕食者每1年、2年、3年、4年或6年出现一次，蝉就很容易受到重创。2年蝉在第10年也会成为5年捕食者的猎物。如果多个蝉群在同一区域按照这些时间表循环，它们的捕食者就总能找到食物。将生命周期延伸成素数的蝉群则不同。除了生命周期完全一致的素数年捕食者，它们可以躲开其他所有捕食者。即使有这样的捕食者，在摧毁目标蝉群后，这些捕食者也会自己走向灭绝。[4]在捕食者与被捕食的关系发生的一个有趣变化中，捕食蝉的啄木鸟、冠蓝鸦、鹩哥和红雀的数量似乎在素数年蝉群破土而出后的几年里急剧下降。这可能是因为盛宴导致鸟类繁殖进入高峰期，而随之而来的饥荒又使鸟类繁殖进入低潮。[5]无论出于什么原因，蝉在下一次出现时，都会因为天敌衰退而得到一定程度的保护。

素数行为自适应模式似乎很棒，但是请大家考虑这样一个事实：1年蝉和它们的捕食者也达成了一种平衡关系，并因此经受住了时间的考验。既然周期蝉另外有一种非自适应模式，那么我们必须考虑更新世或者冰期北美洲的天气状况。冰期的土壤温度非常低，多年后昆虫的幼年期会因低温而延长。[6] 在温度波动的几万年里，蝉群会在地下度过一段时间后破土而出，这段时间可能是素数年，也可能不是。生命周期超过 13 年或 17 年的蝉不太可能与破土时间不同的其他蝉交配，这对于它们的素数方案起到了稳定作用。

不管怎样，成年蝉大量涌现都令人震撼。2004 年，当我结束英国之旅，回到俄亥俄州时，我突然听到了 17 年蝉（Brood x）制造的刺耳声音。那一瞬间，我几乎产生了幻觉。从树冠传来的一波又一波叫声大得出乎想象，而且声音此起彼伏，就像接龙的足球迷一样。蝉是声音最大的昆虫。1633 年，普利茅斯殖民地总督威廉·布拉德福德形容它们"不间断的叫声……响彻整个树林，震耳欲聋"。18 世纪的博物学家保罗·达德利把蝉误认成蝗虫，他引用《约珥书》（第 2 章第 5 节），称蝉"在山顶上发出战车的声音"。[7] 雄蝉放声歌唱时，腹部的一对鼓膜每秒弯曲数百次，达到类似于雷板的效果——在舞台上表现莎士比亚《李尔王》（第 3 幕第 2 场）中描述的荒原上的狂风暴雨时，会用到这种乐器：

> 震撼一切的天雷啊，
> 把这个高低不平的地球压平吧！
> 砸烂造物的模子，除根绝种，
> 让世界上再也没有忘恩负义的人！

交配后，沉默的雌蝉会用锯齿状的产卵器在树枝的树皮上割出一系列裂缝，把卵产在里面。6 周后，从这些"蛋窝"中孵化出来的若虫掉到地上，就会把自己埋到土壤里，开始以树根为食。树木年轮分析表明，周期蝉会使树木的生长量减少 30%。尽管造成了损害，尤其是对果园的损害，但大规模蝉群应该被视为一大幸事——地球上最壮观的动物盛事已经停演，这是狂野自然打响的最后几场保卫战之一。美国中西部遮天蔽日的旅鸽群在 19 世纪消失了，最后一个跨过俄亥俄河的野牛群也在 20 世纪灭绝了。但是在剩余生物陷入沉寂之前，我们看到的是每英亩①森林里有 1 吨甚至更多的蝉纵情高歌的壮观场面。

一个 1900 年出生在俄亥俄州西南部的农村人，如果从未离开过家乡，就可能听说过 6 次 17 年蝉：第一次是在 1902 年，比代顿市的莱特兄弟飞上天空还要早一年，当时她 2 岁；第二次是在 1919 年，就是她的男朋友从法国回来的那一年；在 1987 年她最后一次听小夜曲之前，她还听说了 3 次。在她大半生的日子里，这些蝉都藏在地下，在黑暗中打着瞌睡，只有当她种植西红柿时挖到它们的巢穴，它们才会暴露在光天化日之下。被灿烂阳光惊扰之后，它们像吸血蝠一样蠕动。17 年蝉的叫声是死亡的咒语，既是它们的，也是我们的。就像约翰·邓恩敲响的钟声一样，"不要问……它为你而鸣"。在 2004 年死亡的那些蝉，它们的孩子在 2021 年为我歌唱，下一次是 2038 年，对我来说似乎太

---

① 1 英亩≈0.004 平方千米。——编者注

远了。也许对这些蝉来说，2038年同样太过遥远，因为它们居住的地球正在变得越来越暖和。同时，它们理应得到一位身份不明的希腊诗人在《阿那克里翁》中的祝福："蝉啊，你一定是得到了神的赐福，你在树梢餐风饮露，却纵情歌唱，宛若斜睨天下的王；极目四望，田野和树林里的一切，无不归你所有。"[8]

人类当然可以像17年蝉一样，在相同的时间跨度内完成生殖周期，尽管年轻女性的生育能力在20岁出头时达到峰值的事实表明，演化已经仁慈地倾向于将我们的寿命延长至30年以上。我们不能更快地完成整个生育过程的部分原因是，人类婴儿在很长一段时间里都是迫切需要帮助的。小鼠的妊娠期为19~21天。幼鼠出生时是粉红色的，眼睑和耳朵紧闭，在接下来的3周内以母亲的乳汁为食。雌鼠6周后性成熟，每年生育5~10窝幼崽，如果能躲开捕食者，就可以活2~3年。在另一个极端，雌抹香鲸培育胎儿的时间长达20个月，而非洲象的孕期比抹香鲸还要长6周。但是，在出生几分钟后，抹香鲸和非洲象的幼崽就可以独自游泳和行走了，而人类婴儿在咯咯地笑了一年之后，还很难保持直立，需要继续抓住椅子腿来支撑身体。

一些生物学家认为，这种脆弱状态之所以如此漫长，是因为创造这样一个智力上的巨人需要时间。如果我们能在母亲的子宫中停留更长的时间，比如18个月，我们出生时大脑就会更大，像幼虫一样"蠕动"的时间就会缩短，然后我们会像其他动物一样，去面对生命中严肃的一面。[9]在为本章安排的访谈中，受访的母亲们在听到把怀孕时间延长一倍的思想实验时都非常生气，这是可以理解的。抛开她们的感受，"分娩困境"假说认为，人类的演化不允许长达 18 个月的妊娠，因为调整骨盆以适应更宽的产道会妨碍直立行走。这意味着，随着我们的原始人祖先脑容量增加，被母亲生下来的未发育成形的婴儿需要在"子宫外的春天"里学会基本的生活技能。但这一观点并不是那么可信，因为生物力学研究表明，骨盆更宽并不会限制女性身体的行走和跑步能力。[10] 这说明从理论上讲，女性可以通过对骨盆的进一步演化改造来孕育更大的胎儿。

我们以如此可悲的状态来到人世间，另一个原因可能是我们的母亲不能满足胎儿超过 9 个月的能量需求。[11] 孕妇每天的能量消耗接近长跑或骑自行车的水平，日复一日，身体耐力逐渐逼近极限。事实上，与我们观察体重相似的其他灵长类动物得出的预测结果相比，人类已经多坚持了一个多月。当通过胎盘继续喂养体内胎儿带来的压力让我们难以承受时，我们就会将胎儿生下来，然后改用母乳喂养为婴儿输送营养。母乳是完美的食物，富含大脑发育必需的短链脂肪酸。

人类每月一次的发情周期与其他类人猿的排卵周期比较接近。季节变化会对人类受孕率产生微弱的影响，使北半球春季生育率增加，但人类的生育并没有表现出任何可证实的近年节律。这为占星家带来了便利，如果我们都像青蛙一样拥有相同的星座，他们就很难创造出占星术。季节变化对人类其他生理特征的影响似乎也比较温和。对很多人来说，现代生活如此舒适，我们只要根据天气预报增减衣物，就能应对季节的变化。与人类不怎么关心季节变化不同，许多动物和植物受地球每年绕太阳转动一周的限制，必须严格遵循体内的近年节律。

恐龙的交配和产卵遵循近年节律。鸟脚类恐龙（鸟脚亚目）的化石表明了这些灭绝的爬行动物在三叠纪时期是如何应对非洲每年的天气变化的：它们在干燥的夏季进入休眠期，在随后的雨季完成交配产卵。[12] 鸟脚亚目包括著名的禽龙和鸭嘴龙。此前，古生物学家一直认为美洲的鸭嘴龙会成群结队地从阿拉斯加北坡向南迁徙到冬季觅食地，就像今天的北美驯鹿一样。但是最近，更多的证据表明至少有部分鸭嘴龙会留在原地，它们肯定适应了寒冷的天气。一些更有说服力的证据表明，巨型蜥脚类恐龙有季节性迁徙的习惯：它们的牙齿化石具有与周围的侏罗纪岩石不同的同位素特征标记。[13] 圆顶龙的牙釉质分析结果表明，1.5 亿年前，在炎热的夏天到来后，这些长颈巨兽会离开怀俄明低地，步行 300 千米，来到凉爽的犹他高地，以高地植物为食。夏天过去后，它们会返回怀俄明的河流盆地，去那里过冬。

能够滑翔数千千米的翼龙可能掌握了更远距离的空中迁徙能力，而早期鸟类可能养成了年度短途旅行的习惯。今天的候鸟非常守时，它们的迁徙已经深深嵌入了我们的文化。在英国，杜鹃在中非过冬归来后发出的第一声鸣叫被视为春天的预兆。几乎在同一时间，夜莺（*Luscinia megarhynchos*）也会从非洲飞来。这些叫声优美的动物为赢得我们的喜爱已经竞争了几个世纪。根据古老的传统，约翰·弥尔顿将"夜间的森林万籁俱寂，你在繁花盛开的枝头啼啭"的夜莺视为诗人情场得意的吉兆，而"粗野的憎恨之鸟"杜鹃的叫声则是预言他"绝望命运"的凶兆。[14] 学生时代，我常常在布里斯托尔市中心的一个公园里听到夜莺的叫声，直到现在那迷人的音符还在我脑海中盘旋。蕾切尔·卡森说"鸟类的迁徙既有实在的美，也有象征意义的美"，还说她找到了"在大自然反反复复的循环中一种具有无穷治愈力的东西"。[15] 不幸的是，如今在英国很少能听到夜莺的声音了。

被圈养的鸣禽的习性表明，某些近年节律是由动物身体构造中固有的时钟机制控制的。当候鸟无拘无束地开始南来北往的迁徙之旅时，它们被关在笼子里的伙伴就会变得焦躁不安，跳来跳去，在栖木之间来回折腾，到了夜里也不会安稳下来。因为科研目的被关进笼子里的鸟类的这种行为，在德语中被称为"Zugunruhe"（迁徙兴奋）。处于恒定温度和光照-黑暗均匀循环条件下的鸟类，在繁殖和换羽方面也表现出了节律的迹象。包括柳莺、水鸟和非洲野翁鸟在内的很多鸟类，都受这些条件影响。[16] 野翁鸟被圈养 10 多年后还会保持这种近年节律习性。在德国孵化的野翁鸟的换羽时间与在野外捕获的肯尼亚母体鸟相同，证明这种行为是一种本能。

即使动物体内有计时器在运行，它们也仍有可能对白昼长度和温度的变化做出某些反应。与原子钟不同，生物计时器能响应环境的变化。这种灵活性对啮齿类动物来说至关重要，可以防止计时器在迟到的暴风雪将洞穴埋在厚厚的积雪下时发出"冬眠结束"的信号，从而避免被冻死的悲剧发生。例如，我们知道，北美的合唱蛙（春雨蛙）在冬眠结束后开始鸣叫、交配，但在气温上升、雨水淹没它们产卵的浅池之前，它们会一直保持沉默。测量结果表明，在恒温环境下，合唱蛙体内的激素水平也会发生变化，这一事实无疑表明它们有内置的生物钟。大量斑点蝾螈会在春季迁徙到它们交配的池沼，这是环境条件和生理时钟之间相互作用的另一个例子。在按照近年节律进入冬眠后，这些动物的生殖器官会利用数周时间发育成熟。在昼夜节律生物钟的刺激下，它们会在春天第一个温暖的夜晚，在黑暗的掩护下，顶着绵绵细雨，悄声无息地溜进交配的池沼。

动物、植物、真菌和微生物体内有可以追踪 24 小时周期的蛋白质计时器，但任何生物都不太可能拥有类似的近年节律分子时钟。近年节律习性是在与昼夜节律及多种发育过程速度有关的多种生理过程相互作用基础上形成的。在春季到来之前的几周，白昼越来越长，这可能会引发雄性蝾螈睾丸尺寸的标志性增长，以及雌性蝾螈卵巢活动的相应变化。这些发育机制可能易受温度影响，但它们的速度不可能超过某个限度，因此交配时间会受到一些限制。当动物们在四月持续的雨水中，寻找几百年甚至几千年来在四月相同时间里蓄满水的池沼时，它们体内的一系列计时机制正在与它们成功找到目标的可能性相互作用，而它们的活动就是它们对这种相互作用做出反应。动物世界充斥着千年来反复上演的迁徙仪式，包括鲑鱼和沙丁鱼的洄游、帝王蝶的跨大陆飞行、非洲野禽尘土飞扬的迁徙，以及数百万只圣诞岛红蟹从林地洞穴里爬出来，成群结队地来到海边交配的盛况。

植物的生命周期也有生物钟与气候变化协调一致的类似现

象。被包裹在花的雌蕊中的卵细胞受精后，需要一定的时间才能形成种子。种子传播之后，还会在一段特定时间里保持休眠状态，当温度和土壤湿度都合适时才会萌发。完美的近年节律是基因规划、发育限制和天气共同作用的结果。野生蘑菇的结菇模式同样受到这些变量的影响，例如圣乔治蘑菇（香杏丽蘑，俗称口蘑）。这种可食用蘑菇经常在4月23日（英国的圣乔治日）出现，因此得名圣乔治蘑菇。

海洋无脊椎动物、珊瑚和海藻的季节性繁殖模式同样受昼夜节律和近年节律的叠加作用驱动，一些微生物也明显表现出近年节律的特点。有一种单细胞发光藻类会躲进囊孢里，埋在缅因湾的泥浆中过冬。到了春天，它通过一对鞭毛的起伏波动，推动自己向上移动。进入水中后，种群数量会迅速增加。这种甲藻含有强效神经毒素，意味着它在春夏的大量繁殖会导致食用受污染蛤蚌和其他双壳类动物的人遭受麻痹性贝毒之苦。在这些藻类藏身的沉积岩心被储存到实验室中后，它们还会保持着一年一度的迁移模式，这表明这种近年节律是它们细胞组成的一部分。[17]这个聪明的物种还配备了一个自带的昼夜节律时钟，用来调节夜间在水中巡航时发出的蓝光。自然界的大多数事物都以这样或那样的方式，关注着一年里的时间变化。

随着年龄增长，岁月似乎过得越来越快，当生日、毕业典礼、宗教节日以及日长变化等标志性事件在我们浑然不觉间按照惊人的规律重复发生时，我们往往会表示惊讶。时光的流逝速度似乎加快了，这被归因于记忆设置的一个简单把戏：对5岁的孩子来说，第 5 年是之前岁月的 1/4；而对 50 岁的人来说，第 50年仅是五旬岁月的 2%。如果从学步儿童每年遇到的新鲜事物比见过世面的成年人要多这个角度来考虑，这个解释有一定道理。年轻时感觉一年时间似乎过得很慢的另一个原因是，我们可能会花更多的时间做白日梦，比如在似乎无休止的旅行中从车窗向外凝视。在我的童年，冬天似乎很漫长，而夏天转瞬即逝，这是因为夏天可以在泰晤士河上荡秋千。

一个更科学的答案与我们在第 3 章中讨论的闪光融合速度有关。蜻蜓可以通过这种神经机制每秒辨识 200 幅图像，而人类每秒能辨识的图像数量仅为这个数字的 1/2。实验表明，我们的闪光融合速度会随着时间推移而变慢，这意味着在孩子的经历中，时间会被拉长，而随着我们年龄增长，时间会被压缩。[18] 由此可见，如果我们以信息流的数量来计时，而不是以地球绕太阳一周所需的固定不变的秒数来计时，那么年复一年确实会变短。如果这让你一时之间难以适应，放心吧，这种状况还会不断发展，你完成整个人生旅程的速度会快于你小时候的想象。我那年迈的祖母和我分享了这条智慧之谈："一切发生得那么快，快得让你吃惊。几天前，我还是一个小姑娘，现在却已经变成这副样子了。"接着，她笑了，仿佛是在笑这个想法太荒谬了，低沉的笑声把下午茶时的伤感沉思变成了一段美好的回忆。

科学应我们相遇

邮箱：ywl@citicpub.com

公众号：沙发科学　　后浪：中信出版集团鹅鹅锦

中信出版集团
CITIC PRESS GROUP

人气推荐

《知识机器》
[美] 迈克尔·斯特雷文斯 著
任烨 译

《拆穿数据胡扯》
[美] 卡尔·伯格斯特龙
[美] 杰文·韦斯特 著
胡小锐 译

《结构是什么》
[英] J.E.戈登 著
李轻舟 译

《升维阅读》
[美] 玛丽安娜·沃尔夫 著
陈丽芳 译

《天文馆简史》
[英] 威廉·法尔布雷斯 著
朱桔 译

《餐桌上的危机》
[美] 玛丽安·麦克纳 著
吴勐 译

《牛津大学
自然史博物馆的
寻宝之旅》
[英] 凯特·迪思顿
[英] 佐薇·西蒙斯 著
吴倩 译

《伟大的秘密》
[美] 詹妮特·科南特 著
胡小锐 译

《数学王国的冒险之旅》

[英] 亚历克斯·贝洛斯 著 刘晓鸥 吕同舟 译

讲述数学世界里的有趣探险和诙谐故事

《数学简史》

蔡天新 著

历述数学与文明，数学之美带来的智趣

《迷人的图形》

[英] 伊恩·斯图尔特 著 胡小锐 译

认识自然界奇妙又有趣的数学图形

《迷人的逻辑题》

[英] 亚历克斯·贝洛斯 著 胡小锐 译

125道经典的逻辑题、脑筋急转弯，看看你能做对多少？

《烧脑的逻辑题》

[英] 亚历克斯·贝洛斯 著 胡小锐 译

125道烧脑的逻辑题、脑筋急转弯，延续经典，开动脑筋做起来！

《用数学魔法改变人生》

[英] 博比·西格尔 著 钟毅 胡小锐 译

数学万花筒的17种视角，解决生活中大小问题

群星闪耀

《霍金传》

[美] 查尔斯·塞费 著　骆相宜 译

即使把我关在一个果壳里，
我也会把自己当成一个拥有无限空间的君王

《量子怪才：狄拉克传》

[英] 格雷厄姆·法梅洛 著　邱涛涛 译

讲述量子物理领域的"谢耳朵"的不平凡的一生

《量子传》

[英] 曼吉特·库马尔 著　王乔琦 译

是历史、科学、传记，也是哲学

《一个利他主义者之死》

[以色列] 奥伦·哈曼 著　鲁冬旭 译

到底是适者生存，还是善者生存？
乔治·普莱斯用他的一生试图解开进化论中的一大谜团

《哥德尔传》

[美] 斯蒂芬·布迪安斯基 著　祝锦杰 译

探寻理性的边缘，发现世界的本质

《理查德·费曼传》

[美] 劳伦斯·M.克劳斯 著　张彧彧 陈亚坤 孔垂鹏 译

讲述比尔·盖茨的偶像、
诺贝尔奖得主理查德·费曼的一生

趣味之旅

《如何从头开始做一个苹果派》

[英] 哈里·克利夫 著　刘小鸥 译

从粒子起源到大爆炸，探索我们宇宙的配方

《谁会吃掉我们的宇宙？》

[英] 保罗·戴维斯 著　柏江竹 译

30个"天问"，一部科学侦探小说

《万物发明指南》

[加] 瑞安·诺思 著　王乔琦 译

文津奖推荐图书，一本妙趣横生的实操版《人类简史》

《漫画生物学》

[美] 拉里·戈尼克 [美] 戴维·威斯纳 著　刘小鸥 吕同舟 译

如果教科书这么有趣，我早就爱上生物学了

《你看起来好像……我爱你》

[美] 贾内尔·沙内 著　余天呈 译

AI的工作原理以及它为这个世界带来的稀奇古怪

《魔鬼物理学》套装

[美] 詹姆斯·卡卡里奥斯 著

从漫画英雄口中讲出的物理学知识，
将颠覆你对物理的所有认知

数学之美

《微积分的力量》

[美] 史蒂夫·斯托加茨 著　任烨 译

从宇宙的深奥谜题，到科技的发明创造，
再到日常的衣食住行，微积分的力量无处不在

《救命的数学》

[美] 基特·耶茨 著　江天舒 译

识别数学中的信号与噪声，做出明智而正确的决策

《物理世界的数学奇迹》

[美] 格雷厄姆·法梅洛 著　王乔琦 译

用现代数学揭示宇宙最深处的秘密

《素数的阴谋》

[美] 托马斯·林 编著　张旭成 译

数学中隐藏的大创意，《量子》杂志精选集

《10堂极简概率课》

[美] 佩尔西·戴康尼斯 [美] 布赖恩·斯科姆斯 著　胡小锐 译

斯坦福大学概率课，
讲述你不能不知道的10个伟大思想

《12堂魔力数学课》

[美] 阿瑟·本杰明 著　胡小锐 译

美国数学协会推荐，15个开脑洞的数学魔术

时空故事

《万物原理》

[美] 弗兰克·维尔切克 著　柏江竹 高苹 译

鸟瞰物理现实的基本事实，来自诺奖得主的10个答案

《多元宇宙是什么》

[美] 亚历克斯·维连金 著　骆相宜 陈昊远 译

关于宇宙起源的新故事

《物质是什么》

[英] 吉姆·巴戈特 著　柏江竹 译

从古希腊原子论到量子力学的物质探寻之旅

《时间的边缘》

[美] 丹·胡珀 著　柏江竹 译

回到宇宙诞生最初时刻的那一瞥

《量子空间》

[英] 吉姆·巴戈特 著　齐师傍 译

通往万物理论的新途径

《黑洞之书》

[美] 史蒂文·古布泽 [美] 弗兰斯·比勒陀利乌斯 著
苟利军 郑雪莹 赵雪杉 译

关于宇宙中神秘的黑洞，我们已知和未知的事

认识人体，健康生活

《癌症·防御》

李治中（菠萝） 著

献给健康人的癌症预防和筛查指南

《癌症·免疫与治愈》

[美] 迈克尔·金奇 著　任烨 译

揭开癌症治愈新时代的序幕

《大脑修复术》

姚乃琳 著

认识大脑的感冒症状，摆脱抑郁、拖延、社恐……

《你的第一本抑郁自救指南》

所长任有病 著

一本书了解抑郁症，实现完美自救

《睡个好觉》

汪瞻 欧阳萱 著

心理医生给出的安眠"处方笺"

《深度营养》

[美] 凯瑟琳·沙纳汉 [美]卢克·沙纳汉 著　马冬梅 王芳 译

为什么我们的基因需要传统饮食？

《贪婪的多巴胺》

[美] 丹尼尔·利伯曼 [美] 迈克尔·E.朗 著 郑李垚 译

重新认识欲望分子多巴胺

《牙齿的证言》

[美] 塔尼亚·M.史密斯 著 程孙雪子 译

来自人体的时间机器，破译人类演化的线索与未来图景

《我们如何看见，又如何思考》

[美] 理查德·马斯兰 著 顾金涛 译

从看见到认知，探究思维、学习以及脑科学的未解之谜

《狡猾的细胞》

[美] 雅典娜·阿克蒂皮斯 著 李兆栋 译

癌症的进化奥秘与治愈之道

《激素小史》

[美] 兰迪·胡特尔·爱泼斯坦 著 杨惠东 译

揭秘影响人类行为、情绪、免疫系统的神秘物质

《优雅的守卫者》

[美] 马特·里克特 著 秦琪凯 译 林之 校

不可思议的免疫系统与四个人的故事

生命奥秘

《生命与新物理学》

[英] 保罗·戴维斯 著 王培 译

大开眼界的跨学科前沿探索之旅

《解码40亿年生命史》

[美] 尼尔·舒宾 著 吴倩 译

化石、发育、基因共同演奏的生命演化交响曲

《纳米与生命》

[西] 索尼娅·孔特拉 著 孙亚飞 译

尺度虽小，格局很大

《生命的实验室》

[英] 查尔斯·科克尔 著 张文韬 叶宣伽 张雪 译

如果在地球之外确实存在生命，
它们的形式与我们会是一样的吗？

《与爱因斯坦共进早餐》

[美] 查德·奥泽尔 著 胡小锐 译

日常生活中的怪诞量子物理学

《与达尔文共进晚餐》

[英] 乔纳森·西尔弗顿 著 任烨 译

一场结合饮食、科学与人类文明历程的盛宴

"打开" 大学通识课系列丛书 | 图文并茂、生动活泼的通识读本，带你领略学科全貌

《哲学是什么》[英] 彼得·吉布森 著 孔孔 译

《心理学是什么》[英] 艾伦·波特 著 薛露然 译

《艺术史是什么》[英] 约翰·芬利 著 乐邪 译

《宇宙学是什么》[美] 斯特恩·奥登瓦尔德 著 朱桔 译

《人类学是什么》[美] 茱莉亚·莫里斯 著 央金拉姆 译

"极简通识" 系列丛书 | 从神话、天文、地理、历史、数学、哲学、量子力学七个角度认识世界

《极简世界神话》[英] 马克·丹尼尔斯 著 薛露然 译

《极简哲学史》[英] 莱斯莉·莱文 著 陈丽芳 译

《极简数学》[英] 克里斯·韦林 著 康建召 译

《极简地理学》[英] 威尔·威廉斯 著 张梦茜 译 马志飞 审校

《极简天文学》[英] 科林·斯图尔特 著 柏江竹 译

《极简20世纪史》[英] 妮古拉·查尔顿 [英] 梅雷迪思·麦克阿德尔 著 王芳 马冬梅 译

《极简量子力学》[美] 张天蓉 著

人与自然

第
6
章 熊

10 年（10^8 秒）

我在青春期曾迷上一支名叫鹰风（Hawkwind）的英国太空摇滚乐队，他们的成员先后成了致幻蘑菇的俘虏。[1]这支乐队创作了一些与星际旅行有关的歌曲，在其中一首歌中，一位宇航员被深层冰冻后，在星系旅行的几十年光阴里始终保持青春。[2]醒来后，他想到他被冰冻前那个10来岁的女友一直生活在地球上，现在一定已经60多岁了。热衷于太阳系内外载人和无人任务的航天机构研究人员也有过类似的幻想。尽管很多人都在谈论把智人送到火星，离开即将崩溃的生物圈，去一个未被破坏的宜居星球，但暂停宇航员的生命仍然只是一个假设，一个可能永远无法变为现实的假设。不过，人类已经把水熊送上了太空。本章就从它们开始，讨论10年这个时间尺度。

水熊，亦称苔藓小猪，在动物界自成一门（缓步动物门，意思是"缓慢步行的动物"）。[3]水熊处于显微镜观察范围的边缘，较大的水熊在强光下可见为灰白斑点。它们的8条腿可伸缩，吻圆钝，行动起来就像试图从睡袋中爬出来的喝醉酒的露营者。动作如此笨拙，是因为它们离开了苔藓植物的表面，而且显微镜载玻片上"洪水泛滥"。它们通常附着在苔藓植物上，吸食苔藓植物的汁液。水熊掌握了完善的失水蛰伏技巧。它们能把自己干燥到松脆的状态，把新陈代谢降到几乎察觉不到的水平，而且这种假死状态可以持续几十年。进入干燥状态后，水熊的适应性显著提升，尤以抗冷冻、抗煮沸、抗毒素、抗 X 射线能力而著称。2007 年，人们利用无人太空舱，将脱水状态的缓步动物送到距离地球 260 千米的轨道上，让它们暴露在真空和耀眼的太阳辐射中，它们幸存了下来。[4] 这次太空任务的新闻报道让科幻迷们对这些"坚不可摧"的生物感到兴奋不已。但实际的结果并不是那么引人关注：一种缓步动物中只有 3 只在最严酷的条件下存活了下来，而另一种缓步动物中只有 1 只在经受真空和辐射的摧残后苏醒过来。此外，所有的幸存者都在短暂恢复活力几天后死亡。

在我们这个时代，科学报道中有许多不是那么有趣的趋势，其中之一就是大肆渲染自然的高明之处。水熊本身就是一种令人感兴趣的动物，不需要任何粉饰。它们已经在地球上生活了数亿年，而且会比人类活得更久。它们可以反复进入静止状态，这使它们在地球上的寿命延长到了 30 年。不过，只有在大部分时间都不活动的情况下，它们才有可能活这么久，因为活跃的水熊的寿命是几个月，而不是几十年。这个 30 年的纪录是从南极洲采集的苔藓样本中一对恢复活力的水熊创造的。1948 年，有人宣称在保存 120 年后重新补水的苔藓样本上，一只水熊的爪子动了起来——"据记录，它的身体有几个部位在颤抖"，但这种含糊其词的描述并不是那么可信。[5] 水熊在干燥或冰冻时会暂停活动。这两个过程都会让它们脱去液态水，从而减缓新陈代谢的化学反应，或使其完全停止。重新补水后（无论是用一滴水还是通过温和加热使水从冰冻状态中释放出来），水熊的生化引擎就会咆哮着重新启动，让它苏醒过来。

动物从这种暂时性静止状态中醒来后，既有可能像睡美人那样，也有可能像瑞普·凡·温克尔那样。就像鹰风乐队歌曲中的那位宇航员一样，沉睡了几十年的睡美人苏醒后像雏菊一样清新，而从卡茨基尔山消失的瑞普·凡·温克尔醒来后，发现自己变成了一个老头，留着长长的白胡子。水熊经历干燥、补水后，会遵循睡美人模式，比那些没有经历干燥、每天完成日常任务的水熊活得更长。冷冻水熊的卵也会有同样的结果，而且从解冻的卵中出生的成年水熊与那些从冷藏的卵中出生的成年水熊相比，发育成熟的时间明显滞后。因此，无论是干燥还是冷冻的水熊，睡觉时都像童话里的公主一样，醒来时的生理年龄比实际年龄要小。蛔虫，或称线虫，也可以在干燥的环境中存活下来，但在苏醒时，它们受岁月摧残的程度和那些一直在蠕动的蛔虫并无二致。[6] 蛔虫的生物衰老是无法减缓的，在经历了漫长的干燥期后，它们会遵循瑞普·凡·温克尔模式。掌握失水蛰伏这项绝技的动物还包括卤虫的胚胎（卤虫亦称海猴子，生活在犹他州的大盐湖）、轮虫以及摇蚊的幼虫。

这些无脊椎动物的韧性是任何脊椎动物都无法比拟的，但一些蛙类和蝾螈可以在冬天冷冻自己，到了春天再解冻。北美林蛙看起来像冰棒一样坚硬。任何动物组织被冷冻时，都会在细胞膜外面形成冰晶。这会浓缩细胞周围的液体，导致细胞脱水、萎缩。随着温度持续下降，细胞内部也会结冰，这是致命的。林蛙的生存方式是促使腹腔里和皮下的液体结冰，以保护重要器官。它们还会通过积累糖和其他化合物，避免心脏和肺内部结冰。这些化合物可以降低凝固点，保持这些器官中的水分。解冻也是一个带来生存压力的过程，但随着冰融化，心脏恢复跳动，血液循环恢复，青蛙在几小时后就能伸展腿脚了。

微生物非常善于冷冻和解冻，人们已经从几十万年前的冰芯中分离出了活的细菌。[7] 这些微生物并不是在这么长的时间里始终保持休眠状态，而是以非常慢的速度继续生长、繁殖并存活下来。因此，它们能够处理DNA受到的持续损伤，并不断分裂，产生新的子细胞。我们不知道单个细菌细胞最长能活多久。至于更大的生物，俄罗斯生物学家声称从已经冻结了4万年的更新世永久冻土中分离出了活的线虫。他们说，在将冻土岩芯解冻样本放入培养皿中培养了几个星期后，培养皿中出现了线虫的成虫。这个实验留下了许多未解之谜。[8]

几十年来，人类卵子和精子的低温贮藏一直是生育诊所的一个常规程序，人们已经利用在零下196摄氏度的液氮中保存了20多年的多细胞胚胎，让健康的婴儿诞生了。在某些病例中，植入这些胚胎的母亲的实际年龄与她们的婴儿非常接近。冷冻的人类胚胎表现出类似睡美人的特点，这对那些在液氮瓶中开始生命的人来说是一个福音。

冷冻和解冻整个成年人的难度更大。这就是人体冷冻术要解决的问题。这门技术的实践者希望能以最快速度冷冻尸体（或者仅仅是头部），将组织内的水变成光滑的玻璃，通过这个玻璃化过程避免冰晶化造成组织损伤。美国人体冷冻学会的总部设在加利福尼亚州，它与许多公司签订了合同，用液氮储存人类和宠物的尸体。令人惊讶的是，没有人同意在死前冷冻自己的头部，这意味着要先上演一次全套的拉撒路式奇迹[①]，才有可能实现必要的技术进步。

热带蛙类演化出了另一种自然方法，在干旱的夏季，它们会利用假死，应对与冷冻林蛙的遭遇截然相反的极端气候。这些两栖动物的生存方式是褪去皮肤外层，形成一个防水的茧，在土壤中休息几个月，直到雨水再次降临。非洲肺鱼将这种木乃伊化机制延长至 4 年之久。它们在浅池下的沉积物中挖洞，将自己包裹在黏液中，降低血压和脉搏，并在泥浆被高温烘烤成硬化黏土的过程中保持静止不动。[9]人类脱水就会死去。对于一个体重70 千克的人来说，全身的组织浸泡在约 40 升的水中。沙漠中脱水的标准模式是口渴加剧、尿量减少、体温和心率升高、血压下降、昏厥、秃鹫盘旋、器官损伤、肾和肝衰竭，随着秃鹫降落，人体重减少约 10% 后死亡。活跃的身体要保持血液足够稀薄，才能使其流动，冲洗肾脏和其他器官，维持细胞内的剧烈化学变化，因此离不开水分。

[①] 拉撒路（Lazarus）是《圣经·约翰福音》中记载的人物，病死后被耶稣复活。——译者注

在认识到延长人类寿命的关键似乎不在于冷冻或干燥后，空间科学家将注意力转向了药物诱导的休眠，认为这是一种可行的宇宙探险方法。[10] 即使它不能延长宇航员的寿命，休眠也能让他们无须长时间忍受极其无聊的太空飞行。此外，宇航员活动减少，食物及水的供应量也可以随之减少。人类不冬眠，因此很难找到冬眠模式可能适合太空旅行的动物模型。第一个问题：我们是温血动物。对冷血动物来说，冬眠要简单得多，因为它们对体内温度的控制非常有限。青蛙的体温会自然地降低。冬眠的小型温血哺乳动物在冬天似乎会关闭体内的"加热器"，不再为保暖而努力。这是一种节能机制，要求动物关闭脂肪组织内的线粒体这个火炉。一些蝙蝠可以与冬季栖息地的冷空气达成近似平衡，维持勉强保证不被冻僵的体温。

睡鼠的冬眠技术相当高明。当它爱吃的山毛榉种子稀缺时，它会在一年中深睡长达 11 个月，不过它会定期醒来，以储存在巢穴中的食物为食。冬眠似乎特别无聊，《爱丽丝梦游仙境》中睡鼠说的那些话看似毫无道理，实际上与对啮齿动物习性的科学描述非常接近："你可以认为……'我睡觉时呼吸'和'我呼吸时睡觉'是一回事！"[11] 和其他冬眠的哺乳动物一样，睡鼠会把自己养肥，为进入深度睡眠做准备。罗马的厨师利用了睡鼠的这种习惯，他们把睡鼠关在特殊的赤陶土罐子里，里面的架子上放着橡子和栗子。罐子上有孔，便于通风。盖上盖子后，睡鼠就置身于黑暗中。睡鼠心无旁骛地为冬眠做准备，让自己臃肿起来，根本没有想到其实这是在为它们成为人类的美食做准备。正如佩特罗尼乌斯在《萨蒂利孔》（公元54—68年）中描述的特利马尔奇奥家的奢华盛宴，人们将杀死睡鼠，用蜂蜜和罂粟籽调味，然后用火烤熟。[12]

冬眠动物的体重范围这端是小小的水熊，另一端是熊这种毛茸茸的庞然大物。熊根据它们的节律计划，每年休眠几个月。黑熊和棕熊的休眠期长达7个月。在这段时间里，它们不吃不喝，没有大小便，但保持接近正常的体温。在洞穴里不受干扰时，它们的心跳非常缓慢。不过，母熊分娩时心跳会加快，但在哺育幼崽时又会恢复缓慢而不稳定的脉搏。冬眠的棕熊和不冬眠的近亲北极熊的寿命都是20~30年。这两种动物被关进笼子里后，寿命都会增长10年。但这并不是一个好消息，因为它们只能在动物园的围栏后面活动，就像被终身监禁的人类一样，过着有压力、单调乏味的生活，最后自然死亡。

马达加斯加的倭狐猴是唯一冬眠的灵长类动物，生活在干燥的落叶林中。在干旱季节，果实非常稀少的时候，它们会在树洞里睡眠长达7个月。矮狐猴的体温在冬眠期间会跟随气温变化，一天的波动幅度可达25摄氏度。[13] 不管冬眠动物的体温是否下降，各种冬眠方式都有一个共同特点：代谢率急剧下降。圈养的倭狐猴能活30年，比其他小型灵长类动物要长得多。其他哺乳动物的冬眠也有延长寿命的效果，最显著的是小棕蝠，它在野外可以活34年，与之有亲缘关系的大棕蝠寿命超过40年。[14] 这些美洲蝙蝠，以及其他种类的蝙蝠，寿命比同等大小的不冬眠哺乳动物长10倍。蝙蝠的新陈代谢和习性特点鲜明，有利于长寿，但冬眠的保护作用在其他哺乳动物群体中也普遍存在。在一项实验中，被转移到寒冷房间后进入冬眠的土耳其仓鼠，比那些生活在恒温环境下、从不冬眠的土耳其仓鼠活得更长。有的冬眠动物会持续几个月的深度睡眠或蛰伏状态，有的则很容易被唤醒。

当然，我们在这里谈论的仍然是持续数月时间的无意识状态，而不是动辄需要几千年的星际任务。如果以美国航空航天局的"新视野号"太空探测器的速度飞行，也就是说，以每 1.9 万年前进 1 光年的速度环游全球，然后飞向太空，那么我们将在35 年后进入星际空间，抵达紧邻星系中围绕恒星运行的行星。[15]太空实在太大了，到处都是宇宙射线，所以人类的太空探索之旅似乎不太可能有一个美好的未来。

然而，距离和危险并没有减弱太空科学家的热情。人类缺乏冬眠这个自然机制，因此他们决定采用"人造休眠"（synthetic torpor）的方法，认为这是最有希望让我们在长途旅行中保持充沛精力的方法。但如何实现呢？实验表明，接触硫化氢（臭鸡蛋散发的气体）能有效地促使小鼠进入假死状态。这被视为一个突破，至少在短期内是这样，因为小鼠和我们一样是非冬眠动物。吸入硫化氢使小鼠的代谢率下降，随后它们的体温下降。按照一个不是那么令人鼓舞的观点，这是意料之中的结果，因为硫化氢是一种代谢毒素。据该领域的一位专家说，"你愿意接受的操控和毒素的不可逆伤害之间的区别非常小"。[16]因此，总的来说，硫化氢法似乎并不比用砖头砸头更容易被宇航员所接受。

还有一个更有希望成功的方法，它会将我们带回到鹰风这支太空摇滚乐队和刘易斯·卡罗尔那里，他们像神经科学家一样，都对致幻蘑菇感兴趣。这些蘑菇似乎可以让我们进入一种持久的平静状态，从而让我们能够到达恒星。向大鼠脑干注射微量的蝇蕈醇，会立即引起血管扩张、大脑降温，同时显示出反映深度睡眠的电节律。[17]蝇蕈醇是在毒蝇伞中发现的强效致幻剂。在迷宫实验中，注射了蝇蕈醇的大鼠不能通过以特定时间间隔开启和关闭的吊桥，由此可以判断它们失去了时间感。经常有人类"脑航员"（psychonaut）报告称，在食用毒蝇伞之后，他们的时间知觉发生了变化，还会产生异常欣快、灵魂出窍的感觉，以及无法正确判断物体大小的问题（视物不称症、爱丽丝漫游仙境综合征）。这表明，注射了蝇蕈醇的宇航员可以在轻度醉酒的状态下度过漫长的太空飞行，伴随而来的脑部娱乐活动可能会减轻任务的单调感。然而，我们有理由相信，从太空舱爬出来的宇航员会像瑞普·凡·温克尔先生一样，身体衰老了，头脑也没有那么聪明了。致幻蘑菇可能会让我们在到达太阳系边缘前一直有事可做，但是然后呢？

我之所以对延长寿命和太空旅行持怀疑态度，是因为我的第一份工作——在牛津郡的一个村庄照管墓地，以及我最近收获的一点儿认识——热力学第二定律可以解释一切。墓地工作的职责与我对鹰风乐队的热爱是重叠的，但在个人卡带播放机出现之前的那个时代，我工作时的全部音乐来源是在马栗树上筑巢的乌鸦和一只在草地上捕食昆虫的音调优美的知更鸟（在我割草、耙草时，昆虫暴露在它的视野中）。在墓碑间沉思几个小时后，我在某种程度上明白了一个童年时没有明白的道理，那就是每个人都会化为尘土。大约每过一周就会有两个掘墓人来这里，在坚硬的土壤中挖出笔直的沟。他们沿着被固定住的绳子，用铁锹挖出一个矩形，然后站在矩形后面，点燃香烟，欣赏他们的成果。塞缪尔·贝克特在《等待戈多》中描述了从产科到挖墓的悲伤之路："双脚跨在坟墓上，艰难地分娩。掘墓人慢吞吞地把钳子放进洞里。我们都会变老。空气中充斥着我们的哭声。"[18]

热力学第二定律用科学术语解释了掘墓的必要性。它直接地指出，随着时间推移，宇宙及其所有组成部分会变得越来越混乱无序。熵是无序的一种表示，自大爆炸以来，熵每时每刻都在增加，这个热传递过程的最终结果是宇宙变成一片阴冷黑暗。在宇宙"热死"之前，所有组成人体的物质早已分解，与星系的其他化学物质混到一起了。我们之所以化为尘土，是因为我们会变老，我们的DNA变得不可修复，由这些损坏的指令产生的有缺陷的蛋白质会阻止我们的细胞正常工作。然后我们就死了，秃鹫和掘墓人因此得以维持生计。

我的研究方向是真菌生长和繁殖实验——真菌是腐坏的主宰。很明显，我对死亡的兴趣远远超过了对日常事物的兴趣。不幸的是，即便我对死亡后的情况略知一二，沉迷于分解过程的科学并乐此不疲，但是一想到必然沦为菌丝的食物，我也仍然不寒而栗。17世纪作家托马斯·布朗爵士在关于骨灰瓮的论述中指出，"长时间生存已经成为习惯，使我们不愿意死去"，因此人们修建金字塔，举行葬礼仪式。这是可以确定的一神论宗教的根源。在这种思想的激励下，人们开始不懈追求延长生命的方法。[19]

炼金术士寻找的是魔法石或长生不老药，它可以把贱金属变成黄金白银，赋予术士永生。说到当代伪科学，不得不说"长寿逃逸速度"是一个非常荒唐的概念。它依赖的基础就是一个错觉：如果医学进步增加预期寿命的速度比时间的实际流逝速度快，就可以无限期推迟死亡。该理论认为，如果每年适度的技术改进可以让我们比死神的镰刀快上一步，那么"足够积极的干预"可能会让我们生存几百年。[20]目前延长寿命的方法包括限制热量的饮食、大力清洗结肠、激素疗法、维生素、"老年保护"药物、益生菌酸奶，以及从植物、蘑菇和濒危动物中采集的天然药物。还有一种策略是给老年人注射年轻人捐献的血液。另外，越来越多的"励志演说家"宣扬正念认知可以让死神望而却步。值得注意的是，这些层出不穷的荒谬想法至今没有将人类的最长寿命延长哪怕一秒。[21]

疫苗及其他一些现代医学奇迹，再加上农业生产力的提高和现代卫生设施的改善，使我们这个时代有更多的人能活到老年，但人类自与其他类人猿物种分化以来，可达到的最长寿命并没有改变太多。[22]英国生物学家彼得·梅达沃将衰老描述为"驯化的产物"，而"保护它（动物）免受日常生活中的危害"使它有可能活到衰老期。[23]在历史上，大多数人死于传染病、饥饿、身体伤害和其他危险，现在这个更发达的世界里人们避开了这些危险，往往会死于器官衰竭、癌症、痴呆或更易受外界影响的身体全面衰竭症状。[24]

　　有的人能活 100 岁，但没有人能活到 130 岁。托马斯·布朗还说过："几代人之后，有的树还在，古老的家族也撑不过 3 棵橡树。"[25] 随着时间以每 10 年 3.15 亿秒的速度飞向未来，无论我们是否已经准备好，很快就都无须担心死亡了。老普林尼在他的《自然史》中对死亡进行了思考，他认为死亡是一种幸福的解脱："大自然给人类最好的礼物莫过于短暂的生命。感官变得迟钝，四肢麻木，视觉、听觉、步态甚至牙齿和消化器官都先于我们死去。"[26] 这种有 2 000 年历史的正念认知值得我们更多地关注，它与我们对死亡的持久恐惧以及我们试图否认死亡必然性的绝望之举形成了对比。在这里，我引用贝克特的话，作为本章的结束语："他们让新的生命诞生在坟墓上，光明只闪现了一刹那，跟着又是黑夜。"[27]

第
7
章

弓头鲸
100 年（10^9 秒）

她穿过白令海峡，向北方的楚科奇海游去。愉快的一天开始了。波光粼粼的海水感觉更凉爽了。每次呼吸，她都能闻到磷虾群的气味。她是一只美丽的动物，13 岁，从圆钝的鼻子到流线型的尾巴，身体长度超过了 11 米。丰盛的食物让其他弓头鲸欢呼雀跃。她通过呼吸孔深深地吸了一口气，合上鼻孔，将尾叶伸出水面，然后向深海潜去。这次深潜并没有特别急的原因，她只是一时兴起，想四处看看。10 分钟后，她以为船已经走远了，因此在急急忙忙浮出水面的时候分心了。于是，金属钉刺穿了她左眼后面的皮肤，扎入鲸脂，撕裂肌肉，然后刺到了她的后脑勺。她听到有人在叫喊。她以前从未感到过这样的疼痛。在冬天破冰是很危险的，她的呼吸孔后面就因此留下了白色的疤痕，但这一次的痛苦是她无法理解的。她的心怦怦直跳，她奋拉着鼻子，弓着背，跌向了万丈深渊。[1] 为了甩掉恶心的感觉，她左右摆动着硕大的脑袋，歪歪扭扭地向下沉去。那一年是 1888 年。

　　在大约 8 000 千米外的阿尔勒，少女珍妮·卡尔芒正在她叔叔的布店里，她的叔叔正在数一位年轻画家掏出来的硬币。两人对这笔交易似乎都不满意。雅克叔叔要求再加一点儿钱，画家往柜台上啪的一声拍了两个法郎："够了吧？"他轻触帽檐，向珍妮示意，然后拿起画布说："你好，我奇怪的小女孩。"她不知道他觉得她哪里奇怪？他身上有一股令人作呕的气味，她想，"就像夏天的死马那样难闻"。那天下午，画家画了两幅向日葵，晚上喝得不省人事。他的朋友保罗·高更扶着他躺到床上。[2]

那头鲸在遇袭后又活了 92 年，1980 年在阿拉斯加圣劳伦斯岛被当地捕鲸者杀死。而珍妮还活在世上，直到 1997 年去世，享年 122 岁。没有人比她活得更久。那头鲸的年龄是根据在它的骨头中发现的 19 世纪爆炸鱼叉的叉头估计的。[3]这种鱼叉是由一支像步枪一样的重型青铜鱼叉枪发射的，使用者可以持枪瞄准，尖锐的叉头刺入鱼身几秒后就会爆炸。但弓头鲸身上的那枚叉头没有爆炸。当弓头鲸深潜时，连着"钓鱼线"的叉杆从鲸脂中滑了出来。

俄罗斯数学家尼古拉·扎克的研究动摇了人们对珍妮·卡尔芒年龄的信心。[4]卡尔芒的骨骼里没有古老的鱼叉，关于她出生于 1875 年的结论是基于人口普查记录和家庭照片得出的。扎克认为一个女人比历史上任何人的寿命都超出 3 年之多，从统计角度来看是不可能的。他指出卡尔芒对自己一生的描述有几个不一致的地方，还为卡尔芒的欺诈行为找出了一个非常合理的理由。珍妮·卡尔芒的女儿伊冯出生于 1898 年。记录显示伊冯感染了胸膜炎，并于 1934 年去世——真的吗？扎克认为，珍妮死于 1934年，同一年伊冯冒用了她母亲的身份，所以"珍妮"在 1997 年去世时，实际上还差一年才满 100 岁。这家人应该是通过声称伊冯死亡来避免为珍妮拥有的财产缴纳遗产税，这足以成为冒用身份以及随后的掩饰行为的动机。法国的家谱学者，以及珍妮（或者是伊冯）去世时的阿尔勒市市长，对这些发现提出了质疑，但他们自己的立场明显有偏向性——倾向于原先的记录。如果扎克的判断是正确的，那么历史上有记录的最长寿的人是美国宾夕法尼亚州的萨拉·克璐斯，她于 1999 年去世时已经过了 119 岁生日。

"我们一生有 70 年"，或者更长，有时甚至长得多，但我们在活到 120 岁之前就会"如飞而去"（《圣经旧约·诗篇》第 90 章第 10 段）。弓头鲸的寿命要比我们长得多。此时此刻正在阿拉斯加水域游弋的年龄最大的弓头鲸，出生时间比始于 1848 年的大屠杀早几十年（那场大屠杀导致该地区 90% 的弓头鲸丧生）。弓头鲸长寿的证据来自阿拉斯加因纽特人在维持生计的年度捕鲸活动中"捕获"的弓头鲸眼球晶状体。测定年代时使用的方法基于氨基酸的化学结构发生的自然转换实现。氨基酸是蛋白质的基本组成部分。细胞制造蛋白质的方法是将氨基酸按精确的顺序连接起来，然后像传送带吐出一串串香肠一样吐出蛋白质。氨基酸有两种，分别被称为 L 型和 D 型。它们的构型互为镜像，就像我们的左手和右手一样，但只有 L 型氨基酸被用于制造蛋白质，包括形成晶状体玻璃状结构的晶体蛋白。随着时间推移，晶状体中的 L 型氨基酸会转变为 D 型。如果我们知道转变速度，就可以根据动物晶状体中两种氨基酸的比例来确定动物的年龄。阿拉斯加的韦恩赖特村民 1995 年捕获了一头弓头鲸，人们测量了它的晶状体中一种叫作天冬氨酸的 D 型氨基酸的占比，结果显示这头 15 米长的雄性弓头鲸有 211 岁了。[5]

研究人员在估算古老动物的年龄时，必须认识到估算结果与特定的置信水平有关。以阿拉斯加的那头弓头鲸为例，211 岁的年龄估算精度受到氨基酸测年法的限制，因此它的标准误差（统计正负值）为 35 岁。这头弓头鲸可能比 211 岁更年轻一些，也可能更老一些，而且这两种可能性一样大。根据对这种神奇的水下生物的年龄估算最佳结果，它是在美国独立战争结束后的那一年出生的。我想知道，如果它逃过了因纽特人的捕杀，还能活多少年？

与齿鲸使用的巨大"计算机"相比，弓头鲸的大脑非常小。[6] 令人宽慰的是，弓头鲸的海马区特别小——海马区负责长期记忆，因此这些古老的海中巨兽应该已经忘记了它们刚成年时捕鲸船队带给它们的创伤，不会在听到捕鲸船靠近时想："哦，该死，这些混蛋又回来了！"我对以捕鲸为生的生活方式的态度有一点自以为是。北极原居民以这种方式生活了数千年，而现代社会在很多方面破坏了他们丰富的文化，尤其是消融了那里的冰雪。我在其他场合也指出过，根本问题在于人类存在这个普遍性悲剧。我们中的许多人都不应指责捕鲸者，因为我们自己也不是那么清白无辜，可能吃过像弓头鲸这样古老的海洋生物的肉，也许还佐以新鲜的龙蒿和冰镇的白葡萄酒。胸棘鲷被切成片，烤得滚烫、外焦里白，它在被放进拖网渔船的冷藏舱之前，可能已经在太平洋深处生活了 150 年。这种古老的动物没有鲸那么聪明，但异常敏感，会因为无法逃脱渔网而在绝望中死去。

估算胸棘鲷和其他深水鱼的年龄是基于对它们的耳石（耳骨）的研究完成的。耳石位于大脑后面，是内耳的组成部分，在重力和声波的作用下会发生位移。感觉细胞可以检测到耳石的运动，从而为动物提供平衡感和听觉。耳石看起来像边缘参差不齐的小贝壳，大小不一，小的只有针尖那么小，大的有腕表表盘那么大。有两种方法可以确定鱼的年龄。首先，它们的年生长区域可以像年轮一样计数；其次，它们会捕获放射性元素，其衰变可以作为一个非常可靠的计时器使用。在进行年龄分析时，耳石被切割或打磨以显示其内部生长区域，嵌入树脂后放到显微镜载玻片上。"年轮"统计显示，胸棘鲷可以活 100 多年，但年龄更大的鱼的耳石分层模式非常复杂，难以处理。[7] 此时，就要使用放射性测年法了。这种方法要测量耳石核心部分中铅元素与镭元素的比例。镭 226（这个数字指的是它的原子质量数）的半衰期为 1 600 年，衰变产物是铅 210。铅 210 的半衰期略长于 22 年，它经过一系列短寿命元素中间体衰变成铅 206，这是铅元素的一种稳定的非放射性同位素。[8] 铅与镭的相对放射性强度代表年龄：随着时间流逝，铅的含量会越来越高。利用这种方法的测年结果显示，20 世纪 80 年代在塔斯马尼亚海岸捕获的一条胸棘鲷的年龄是 149 岁。[9]

放射性测年结果表明，其他深海鱼类的寿命与弓头鲸一样长。世界纪录保持者是一条粉红色的粗眼岩鱼，它的耳石的化学成分表明它已经有 205 岁了，它于 18 世纪末出生在加利福尼亚海岸附近。平鲉科包含 100 多种岩鱼，有的长度可达 1 米，体重和达克斯猎犬一样重。胸棘鲷是用适用于海洋里所有鱼类的拖网捕捞的，岩鱼与之不同，是垂钓者用鱼钩钓上来的。这种捕鱼方法似乎更具可持续性，但从网上铺天盖地的"岩鱼食谱"可以明显看出，过度捕捞已使某些岩鱼濒临危险。能活到 100 多岁的鱼类还有长尾鳕、裸盖鱼、白鲟、可以活 130 年的疣异海鲂，以及在日本水上花园中嬉戏了 200 年的圈养锦鲤。

达到 200 岁这个关口的硬骨鱼类似乎会迅速引起死神的注意，但至少有一种软骨鱼——格陵兰睡鲨，还会再活 100 年才走到生命尽头。有记录的年龄最大的格陵兰睡鲨长 5 米，年龄估计有 392 岁了。[10] 它的拉丁学名是 "*Somniosus microcephalus*"，意思是这种动物嗜睡（拉丁语中 "*somnio*" 的意思是梦）、脑袋很小。位于格陵兰睡鲨头骨里的大脑很小，重量仅相当于一节 7 号电池或者兔子大脑的重量，对于体型和马差不多大小的动物来说，这是非常小的——马的大脑比它大 50 倍。[11] 与巨大的体型相对比，所有鲨鱼的大脑都非常小，但格陵兰鲨鱼的大脑特别小——同样体重的大白鲨的大脑是它的 2 倍大。

这种解剖特征源于这种动物相对简单的生活方式。格陵兰睡鲨在寒冷的深水中缓慢地游动，一游就是几十年时间。它们以鱼类为食，偶尔还会捕食在水中睡觉的海豹。人类每年捕获的鲨鱼数以万计，支撑起了鱼肝油产业。在 20 世纪 60 年代之前，鱼肝油一直被用作工业润滑剂。冰岛人仍然捕猎鲨鱼作为肉食来源，并将鱼肉制成一种名为 "kæster hákarl" 的美味。即使经过几个月的预发酵和干燥，这种美味仍然会散发出强烈的氨的气味，让外地人难以接受。如今，越来越多的鲨鱼是作为捕捞大比目鱼时的意外收获被杀死的。世界自然保护联盟将鲨鱼列为"近危"物种，希望此举能帮助鲨鱼种群规模的数据转好。

格陵兰睡鲨的超长寿命是通过测量其晶状体中放射性碳元素的放射性来确定的，而不是像确定古老弓头鲸的年龄那样测量不同形式的氨基酸的比例。晶状体碳测年法已经成为一种非常流行的测定动物年龄的方法。这种方法巧妙地利用了所有生物的组织中碳 14 含量都有所上升的现象，而导致这一现象发生的原因是 20 世纪 50 年代中期到 60 年代早期的地面核武器试验。

用中子轰击氮 14，就会产生碳 14。中子是不带电的亚原子粒子，和质子一起位于原子核中。当宇宙射线与大气中的原子碰撞时，中子以自由粒子的形式被释放出来。这个自然过程会推动碳 14 的产生。碳 14 与氧反应，生成放射性二氧化碳，被进行光合作用的植物、藻类和细菌吸收后，进入食物网。核反应堆以及核弹起爆后的空爆也会产生碳 14。核武器试验会使大气中碳 14 的浓度增加一倍，就是这个原因。碳 14 是不稳定的，衰变后会再次产生氮 14。碳 14 的半衰期是 5 730 年。如果碳 14 被困在有机体的组织中，就意味着它无法离开，新的碳 14 也无法进入，因此它的放射性可以用来衡量它在组织中停留了多长时间。

大气中碳 14 的自然水平相对恒定，这为基线测量创造了条件，而核爆脉冲可以作为 1960 年前后出生的生物体的时间戳。碳 14 的水平在 1963 年之后开始下降，这意味着所有在 20 世纪 60 年代中期或之后出生的人，体内碳的放射性都比我们这些在最初的几个核大国组织庆祝活动时就已经活在地球上的人要低。

在测年研究中，组织的选用会影响对核爆脉冲（或者它的缺失）的解释。成年人类的牙釉质为出生在这些独一无二的（希望如此）放射性年份的动物提供了一个标志，因为它在形成后不会被替换。肌腱也显示出类似的放射性变化模式。牙齿和肌腱可以在司法鉴定调查中发挥作用，帮助确定一个人的年龄和死亡日期。放射性测量方法还可用于鉴定高档葡萄酒和艺术品。[12] 骗子使用的葡萄和油画无法掩盖年代较近的事实。

目前尚不清楚核爆脉冲对健康的长期影响。碳14不像核武器试验中产生的其他放射性元素那么危险，在人体组织中的含量也很低。一些研究估计，核爆辐射微尘引发的癌症有可能导致200多万人死亡，但其他原因引发的癌症病例多得多，我们不可能将它们区分开来。有人提出了一个有争议的反直觉观点：低剂量辐射可以减少癌症死亡率，实际上还有可能延长寿命。支持这种"辐射兴奋效应"观点的理由是，对工业事故以及1945年广岛和长崎原子弹爆炸中暴露在辐射下的人群的人口统计数据进行的特定解读。他们提出，低剂量辐射可以刺激细胞修复机制，有可能对身体产生持续的保护作用。然而，同样由于癌症是导致死亡的普遍原因，而且形式多样，因此很难衡量低剂量辐射对癌症的影响。

格陵兰睡鲨不呼吸空气，而且栖息地与核武器试验点相距甚远。尽管如此，放射性沉降物还是通过藻类和细菌到达了它们所在的海洋深处。这些藻类和细菌吸收了海水中溶解的放射性二氧化碳，更大的浮游生物以藻类为食，鱼类吞食浮游生物，以此类推。所有生物都不可能躲开辐射的影响。早在1955年，新西兰科学家就测量到大气、海水和树木中碳 14 含量在不断上升。当时的增长幅度非常有限，大约比历史基线高出了 5%，科学家发表的报告看起来比较乐观："如果停止原子武器试验，大气中碳 14 的特定放射性将逐渐恢复到原子弹爆炸前的水平。"[13] 当然，这个美好愿望并没有实现，所以新西兰人和在北冰洋活动的大鱼一起受到了污染。

我们继续把目光投向寒冷的海水。在离格陵兰睡鲨栖息地不远的地方，我们发现了年龄最大的个体动物——北极蛤，一种大型可食用蛤蚌。（第 8 章将介绍年龄更大的动物群。）2006 年在冰岛的一座岛屿附近水域收集到的一个标本有 507 岁。它生于中国的明朝中期，一位为《星期日泰晤士报》撰稿的记者将它命名为"软体动物明"（Ming the Mollusc），收集它的冰岛研究人员则给它起了一个空洞的名字"Hafrún"，意思是"海洋之谜"。[14] 我不喜欢冰岛人起的名字，因为任何蛤蜊，不管它多老，都没有什么神秘之处。只不过科学家发现它、杀死它和测定年龄的过程花了很长时间。数"年轮"（壳上的狭长生长带）就是人们确定它的年龄时使用的方法。人们通过分析更古老的贝壳（被采集时早已死亡）的连续生长带宽度，建立了可以追溯到 7 世纪的水温档案，他们分析的这些贝壳是在收集它们之前很久就死去的动物留下的。这些古老蛤蚌的生长速度在 13 世纪晚期和 14 世纪早期发生了变化，与中世纪气候异常期（中世纪暖期）向随后的小冰期转变时水温变暖和变冷的交替变化相对应。

古代动物的总体状况表明，生活在海里，特别是在寒冷的深水中，有很大的好处。对比生活在太平洋不同深度的各种岩鱼的寿命，就能证明这个观点。[15]生活环境的深度与长寿之间有明显的相关性。前文提到的寿命为 205 岁的粗眼岩鱼，生活在水下 150~450 米的水域。深海生活方式伴随着高压、低光、缺氧和食物匮乏。温度也会随着深度增加而下降。冷水可能比与深度相关的其他变量更重要，生活在冰岛北部陆架海面下 80 米处的蛤蜊"明"可以证明这一点。比寒冷的海洋生活方式本身更重要的是缓慢又稳定的新陈代谢，这对在这种条件下茁壮成长来说至关重要。年龄最大的那些陆地动物也有这种生理特征。

生物圈中最长寿的日晒居民是爬行动物，其中大蜥蜴和陆龟尤其值得称道。我们在第 4 章讨论昼夜节律时提到了大蜥蜴，它头上的第三只眼睛非常显眼。大蜥蜴生活在新西兰的一些小岛上，它的名字"tuatara"来自毛利语，意思是它的背部长有刺。在从三叠纪时期演化而来的类蜥蜴动物（喙头目）中，大蜥蜴是唯一的幸存者。有几个解剖学特征将大蜥蜴与蜥蜴区分了开来，包括腹部有肋骨、没有外耳。圈养的大蜥蜴可以活 100 多年。在新西兰的因弗卡吉尔有一只名叫亨利的雄性大蜥蜴，它在 111 岁的时候当了爸爸，它那当时 80 岁的妻子名叫米尔德丽德。有些爬虫学家认为大蜥蜴可以活 200 年。

巨型陆龟满 100 岁后还能活很长时间，加拉帕戈斯象龟的寿命可能和大蜥蜴一样长。在 18 世纪和 19 世纪，由于引起了军用舰船和捕鲸船上的水手们的共同关注，这种动物的数量急剧减少。当水手们停船补充食物和水时，他们就会去抓加拉帕戈斯象龟，并将抓到的活龟肚皮朝天，堆放在船舱里，作为他们航行时的鲜肉来源。19 世纪 40 年代淘金热期间，前往加利福尼亚的矿工们加入了捕杀这些爬行动物的行列。在绕过合恩角后，他们还要北上 5 000 多千米，才能到达旧金山。[16] 1835 年，当查尔斯·达尔文登上加拉帕戈斯群岛时，他被岛上与众不同的乌龟亚种迷住了。据说，2006 年死于昆士兰动物园的一只名叫哈丽雅特的乌龟，就是他从加拉帕戈斯群岛带走的。后来，一名军官在离开贝格尔号时，将它带到了布里斯班。但是，当人们确定在大英博物馆发现的一只年轻的加拉帕戈斯象龟的填充标本是达尔文的宠物后，这个故事就变得不足信了。看来，达尔文把那只乌龟带回了家，但由于那里气候寒冷，它很快就死亡了。

来到印度洋上的塞舌尔，我们就会看到亚达伯拉象龟，它是可证实的寿命最长的陆地动物。一只叫乔纳森的雄龟孵化于 1832 年，甚至更早，在我写本章内容时它至少有 188 岁了。它 50 岁时被从阿尔达布拉环礁带到南大西洋的圣赫勒拿岛，作为政府的客人，在那里定居下来。尽管它是一只爬行动物，但它会让人想起拿破仑·波拿巴，后者在 46 岁时被流放到了这座火山岛。两者相比之下，乔纳森过得更好一些。还有一些陆龟也越过了百岁大关，包括希腊陆龟。圈养的希腊陆龟至少能活到 127 岁。

正如伊索所说，缓慢稳定者会赢得比赛，成为变温动物（体温随着环境变化而升高或下降）、心率缓慢似乎是长寿的关键。[17] 加拉帕戈斯象龟的新陈代谢率很低，静息时脉搏是每分钟 6~10 次。在 200 年的时间里，这相当于心脏收缩了 6 亿~10 亿次，与大多数动物一生的心跳次数一致。[18] 对希望延长寿命的人类来说，缓慢消耗的这个明显好处并不是一个好消息。作为新陈代谢非常活跃的动物，我们的寿命已经比我们通过观察其他动物得出的预测结果多了几十年。按心跳 10 亿次完成的粗略估算表明，一个人只能活大约 30 年。这意味着人类的寿命已经够长了，我们不太可能比现在活得更长。对弓头鲸和类似的长寿物种的基因组分析发现，它们身体内控制细胞分裂和 DNA 修复的基因发生了改变。如果这些改变被证实有助于抑制癌症，那么它们可能是某些动物长寿的一个原因。然而，从演化的角度看，这对任何能活上几百年的动物来说似乎并没有什么价值。弓头鲸在 20 多岁时性成熟，在它们跨越百岁里程碑之前，有足够的机会将它们的基因赋予幼鲸。

所有物种都会以生理机能和环境允许的最快速度传播基因。等待没有任何好处。每种动物都有一条独特的生存曲线，可以显示该动物在各年龄存活的数量或比例。人类和其他没有多少后代的大型哺乳动物在早年都很顺利，能在成年早期存活下来，但是在度过性成熟后的几年快乐时光后，就会接二连三地死去。[19] 这些物种与牡蛎等海洋无脊椎动物形成鲜明对比。牡蛎会产生大量的后代，这些后代尚未长大就会被大量屠杀，但少数幸存者往往活得很长。无论演化出何种繁殖策略，都只有一小部分个体能活到最老。珍妮·卡尔芒或许不是，但乌龟乔纳森就是这样的幸运儿，这二者分别比所有同时代的人和乌龟多活几十年。有些动物的寿命超过 30 亿秒，但随着时间流逝，任何有大脑的动物都无法存活 300 亿秒以上。

第
8
章　　**狐尾松**

1 000 年（10^{10} 秒）

本书各章节讨论的时间段大多是人类提出的概念。日是唯一的例外，因为其他生物都能察觉到地球每 8.64 万秒完成一次自转，并根据它们内置的昼夜节律生物钟活动。年也是真实存在的，是地球绕太阳运行的脉搏，但其 3 000 多万秒的周期是通过日长和天气的累积变化间接记录下来的。地球日和地球年也许应该交由善于观察的外星人来测量（不管他们在自己的家乡使用什么历法），就像我们计算其他行星的太阳日和太阳年一样。其他所有时间段都是人类定下来的，当然也包括秒，尽管我们这本书给秒加上了多个数量级。正如托马斯·曼在《魔山》中所写的那样："实时没有转折点，在新的一月或一年开始时，没有电闪雷鸣，也没有鼓乐喧天。在新的世纪开始时，也只有我们人类鸣炮鸣钟。"[1]

时间的这种虚构性与我们对时间之箭的体验是不一致的，我们会追随时间之箭走向未来，看日出日落，看时钟，查看手机上的日历，计划在商店关门前买面包。生活要求我们以这种方式处理事情，并关注时间，就好像周、月、年等确实存在一样。无论是脚步匆匆，无暇停留，还是放慢节奏，经常冥想，我们的一生都像是一座短桥，一头是无限的过去，另一头是虚无的未来。与这短暂的一生相比，千年显得那么漫长。在 1 000 年中流逝的 300 亿秒，足以使一切虚假的永恒沦为笑柄。诗人和独裁者有可能在死后留下持久的印象，但是除了在不可靠的传说中占据一席之地外，还有谁能以别的方式让 1 000 年后的人记住他们的名字吗？

从动物学的角度来看，好消息是 1 000 年这么长的时间能消除痛苦。鲸和人类对自己或家族的恐怖经历的记忆可以持续 100 年，但也不会更长了。我们纪念战争、饥荒、瘟疫、地震和其他灾难中的伤亡者，但这些悼念迟早不再会引起任何同情。人生短暂，不必为过去的灾难而感到羞愧。我们还要面对更紧迫的挑战。在这个漫长的时间尺度上，无意识的生命会遭遇更多的危险。在这一章中，我们回到植物，讨论形成蘑菇的真菌的寿命，并探索水母和其他软体动物实现不朽的可能性。

狐尾松是最长寿的个体生物。（我们很快就会讨论个体生物的本质。）内华达州东部有一棵名叫普罗米修斯的狐尾松，在 1964 年被一名满腔热情的林业学生砍倒时，它至少有 4 900 年的历史。这名学生知道他要砍伐的是一棵古树，因为他已经从同一林分其他狐尾松的木芯样本中数出了 3 000 多个年轮。他写道："为了便于编制长期的树木年轮年表……一株较大的活狐尾松被切开了。"[2] 美国林务局颁发了许可证，但他们可能非常后悔，因为这名学生报告说他数出了 4 844 个平均宽度为 0.5 毫米的年轮。公众随后表示出来的关注肯定也让他们深感惋惜。考虑到异常干旱的年份所造成的年轮缺失，人们估计这棵松树在公元前 30 世纪开始萌芽，第一个木质巨石阵就大约是在这个时候建造的。加利福尼亚州的怀特山脉中有一棵名为玛士撒拉的树，与普罗米修斯保持至今的这一纪录相差几十年。它的确切位置是一个秘密。

内华达山脉有 3 000 年历史的巨型红杉和杜松，北卡罗来纳州的落羽杉和斯里兰卡的无花果树寿命超过 2 000 年，寿命超过 1 000 年的树木有 24 种。这些树大部分是结球果的针叶树。最古老的开花植物是非洲猴面包树，其最长寿命超过 2 000 年。津巴布韦有一棵特别大的猴面包树，在 2011 年倒掉时已经活了 2 450 年。猴面包树不像针叶树那样有清晰的年轮，其年龄是根据木材中放射性碳 14 的含量测定的。气候变化正在对这些参天树木造成影响，近年来，有很多在各自分布范围内最古老、最高大的树木都已倒下了。狐尾松也受到气候变暖的威胁，具体来说主要是经受着其他树木的竞争挑战——这些树木能够在海拔更高的地方扎根生长，使得树木线向山巅逼近。

古树是气候的信标，因为它们在一个地方停留了几千年，经历了当地环境条件的每一次变化，每年的生长情况与温度及降雨量完美契合。狐尾松和其他有明显年轮的树木为这些天气和气候的短期和长期变化建立了详细的档案。自 20 世纪中叶以来，人类活动引起的气候变化表现为狐尾松的年轮变宽。[3] 结合利用活着的和死掉的狐尾松的年轮，研究人员已经成功地收集了 9 000 年的树木生长记录，他们希望更进一步，建立 11 200 年的年轮模式档案。在这么多年之前生长的树木，肯定经历过气候迅速变冷的新仙女木期之后的全球气温反弹。[4]

狐尾松和其他长寿植物的寿命比最长寿的动物长 10 倍：松树的寿命可达 1 600 亿秒，我们在上一章讨论的冰岛蛤的寿命约为 160 亿秒。树木是如何做到的呢？它们持续或不确定的生长模式至关重要。正是出于这个原因，植物的发育过程可以对环境做出迅速反应，这能弥补植物无法移动这个缺陷。当环境条件允许时，树木会不断生长。它们的根向周围延伸，以便从地下汲取更多的水分；它们的枝条伸展，露出越来越多的叶子。枝条掉落后，它们还会长出新的嫩枝。在整个生命过程中，它们的球果和花朵中都会不断发育出新的性器官。尽管狐尾松不是每年都繁殖，但它们有持久的繁殖力，在几千年的时间里可以释放大量的种子。它们有其他育龄较短的植物不需要的内部生命维持过程，这似乎是自然选择给予这种持久繁殖力的一个奖励。这些保护过程包括一整套将害虫拒之门外的生化防御措施、防止其他植物幼苗竞争的天然"除草剂"，以及帮助这个庞大生物协调活动的内分泌控制系统。[5] 这些植物能活那么长时间，正是得益于这些保护过程的共同作用。

对生长在有利、稳定的环境中的植物来说，无法移动是一个有利条件。在狐尾松生长的大盆地，每年有好几个月都是冰天雪地，非洲各地的猴面包树要面对极端的干旱，但即便如此，环境的这种近年节律变化也仍然是生存的关键。树木的生理机能已经适应了定期的冷冻或炙烤。年复一年，它们与土壤中的微生物群落建立了越来越深的联系，变成了周围环境的关键环节。树木是环境管理者，随着时间推移，它们稳固了土壤，使土壤更加肥沃，并利用这些成绩发展自己。这些巨型生物通过与周边环境和其他生物建立亲密关系，摆脱了气候变化的影响。近 1 000 年来，生命已经习惯了气候的反复无常。但是随后，它们就遭遇了气候灾难，气温以每年 0.1 摄氏度的速度缓慢上升。面对这种情况，连这些植物中的长寿冠军都不知所措，因为万物皆有极限。

如果保存在非常干燥的环境中，一些植物种子可以存活超过 1 000 年。在中国的一个湖床中埋藏了 1 300 年的莲子在水里重新发了芽，有 2 000 年历史的犹太枣椰树种子被发掘以色列马萨达要塞的考古学家发现后再次焕发了活力。俄罗斯科学家已经证实，一种叫作窄叶剪秋罗的植物的组织可以将生命力纪录提高一个数量级。他们发现，从西伯利亚永久冻土层发现的未成熟窄叶剪秋罗果实中分离出的胚胎，可以在试管里的无菌培养基中生长。移植到盆栽土中后，这些幼苗长成了健康的成年植株，并结出了种子。碳测年结果显示，这些果实已有 3 万年的历史。在冰冻状态下，这朵来自北极苔原的花的 DNA 保存了近 1 万亿秒之久。[6]

狐尾松和猴面包树被视为个体植物，是因为我们知道它们的生命是从哪里开始、到哪里结束的。同一棵狐尾松所有根尖上的所有细胞都含有相同的基因组，这是它们属于同一株植物的标志。虽然我们仍然把从番茄切块中生长出来的番茄植株视为个体植物，但彼此分离的无性系会增加这个问题的复杂程度。在这种情况下，物理分离足以解决这个问题。如果我们观察的是集落植物——同一个相互连接的根系网络长出了几根嫩枝，情况就更加复杂了。美国西部的颤杨集落可以通过这种方式大面积蔓延，位于犹他州的著名的巨型颤杨集落"潘多"覆盖了40多公顷的面积。[7]集落中树干的平均年龄为65岁，但根系的年龄要大得多。颤杨有雄性和雌性两种，雄性的柔荑花序会散发花粉，雌性产生棉絮状的种子。潘多是纯雄性无性系，整个集落都有相同的基因组，这对估计它的年龄很重要。如果集落与雌树或其他雄树混杂在一起，不同集落的历史就会纠缠在一起，很难分清。潘多的纯度表明它可能是在最后一次冰期的末期扎下了根，并开始扩大地盘，这意味着它可能已经存活了8万年。

欧海神草是一种生长在地中海浅水区的海藻。几千年来，这种植物的根在沙质海床上缓慢地扩张，形成了茂密的海洋草甸。基因分析显示，在西班牙福门特拉岛周围水域中，两个相隔15千米的草甸属于同一个无性系。如果这两个集落是海平面下降、露出福门特拉岛时由一株更老的欧海神草分裂形成的，那么这些欧海神草肯定已经生长了8万~20万年，甚至更久，才能相隔这么远的距离。

相当不起眼的灌木也有可能活几千年，包括塔斯马尼亚的金氏山龙眼和莫哈韦沙漠中一种被称作"无性系之王"的三齿拉雷亚灌木。[8]虽然塔斯马尼亚的金氏山龙眼是根系独立的个体灌木，但该物种（学名 *Lomatia tasmanica*）的所有野生植株都属于同一无性系。个体可以生长300年，但是枝条从亲本植株上分离出来后，就会形成新的根和茎。人们利用碳测年法，估计该无性系的木头化石有4.3万年的历史。金氏山龙眼是两种常绿植物的杂交品种，由于染色体不匹配，无法进行有性繁殖。"金氏王朝"走进了死胡同，金氏山龙眼因此被列为濒危物种。与此同时，莫哈维沙漠里的三齿拉雷亚灌木围着光秃秃的中心形成了一个环。结合生长速度测量和集落枯枝的碳测年结果，人们推断它可能有11 700 年的历史。

真菌生长的方式与三齿拉雷亚灌木相似，它们的细丝从中心点呈扇形散开，在人的头皮上形成一个圆形的癣群，或者在奶牛牧场上长出一个蘑菇圈。大多数蘑菇需要两个菌落或菌丝之间有接合反应才能长出来。这让个体的概念变得有点儿难以理解，因为其中一方可能比另一方年轻，但从菌落的半径确实可以粗略测算出接合关系中最古老真菌的年龄。

在美国西部残存的原生草原上，大马勃菌落形成的蘑菇圈引人注目。黑脚人的传统信仰认为，这些白色圆圈是由坠落的恒星变成的，焚烧它们可以驱鬼。[9] 他们沿着菌盖的底边把子实体涂成白色的圆，象征生命从黑暗的大地中诞生。这些菌落似乎并没有固有的生物年龄限制。只要菌丝能不时地被雨水淋湿，它们就会继续在草原土壤中生长，每年生长几厘米。20 世纪早期，在科罗拉多州东部未受干扰的矮草草原上，人们发现了直径达200 米的马勃菌落。它们肯定已经在那里生长了好几百年，远早于"五月花号"抵达科德角的时间。当时，对这些菌丝最严重的威胁来自迁徙野牛的蹄子。还有一些菌落的年龄更大，特别是著名的俄勒冈蜜环菌，占地 10 平方千米。公元前 4 世纪，当柏拉图撰写《会饮篇》时，它已经开始生长了。

与地衣中的藻类共生的真菌更为古老。我在上学期间，为了测量斯诺登山脉中巨石上的地图衣，以了解它们与光照有关的生长趋势，曾在威尔士度过一个潮湿的星期。地图衣是一种常见的地衣，生长在寒冷地区裸露的岩石上。这种地衣很漂亮，黄色的背景被黑线分割成小块，看起来像郡县地图。它被称作壳状地衣，意思是它非常平坦，牢牢地附着在岩石表面。（其他种类的地衣有类似章鱼吸盘的小圆盘，依靠吸附力，将自己悬挂在树枝上。）我们在威尔士发现的地衣有一个特征：地衣所在的位置越是靠近巨石更加棱角分明的顶部，其尺寸就越大。猛禽和乌鸦经常停留在巨石的上面，这表明生长在这些大石头上面的地衣不会缺肥。因此，我们在雨后来到这里，从巨石上采集潮湿地衣样本，测量其氮含量。但这个因素对地衣生长的刺激作用似乎有限，因为有的岩石的顶部是光秃秃的，反而是下方长有地衣，看上去就像僧侣的发式。地衣值得关注，因为它可以作为化石燃料燃烧、工业活动和集约化农业造成的空气传播氮污染指标。从这个意义上说，那些鸟儿似乎帮了大忙。

但是，当我们脖子上挂着手持透镜，带着精密分样器和笔记本，东倒西歪地走在岩石上时，我远没有意识到这些地衣如此值得关注。公开的测量结果表明它们生长速度极慢，每年远不到0.1毫米，这说明几千年前北极的岩石上就长有地衣个体了。据记录，有多个地方发现了年代非常久远的地衣，包括美国科罗拉多州、瑞典的拉普兰区、加拿大的巴芬岛，以及……（鼓声响起来！）……美国阿拉斯加州北部的布鲁克斯山脉，那里的一种地衣被认为有 10 000~11 500 年的历史。[10] 地衣的寿命是狐尾松的两倍，但因为它们像蘑菇菌丝一样扩张，我们往往认为地衣是集落，而不是个体生物，所以让它与松树比较年龄可能是不公平的。墓碑上的地衣年代较近，但也通常与刻在石头上的墓中人离世日期一样久远。[11] 20 世纪 70 年代初，我们每年都会去林肯郡度暑假，让祖母带我们去她最喜欢的墓地郊游。我们一边在泥泞的土地上吃力地走着，一边读着爬满地衣的墓碑上的文字，惊叹在维多利亚时代有那么多的孩子夭折。"安息吧——我们亲爱的小米莉森特——死于痛苦的疖子"，诸如此类的碑文。我们喜欢来到这里的一个原因是，那些不幸的人在我们脚下的潮湿土壤中腐烂，而我们能侥幸站在地面上，因此这会给我们一种获得解放的感觉。但是墓地里的"幸灾乐祸"是短暂的，墓地的游客都会变成那里的居民，他们的墓碑上都会长出地衣。

生长在冰冷海水中的玻璃海绵比地衣活得还长。这些动物有精致的硅质骨架，为它们湿软的组织提供支持。这种奇怪的生物生长在深达 2 千米的海底，将一根巨大的硅刺扎进海床，把自己固定在那里。玻璃海绵的组织就生长在这根硅刺的周围，年龄较大的海绵看起来有点像海底的芦苇。在这根硅刺变长和变粗的过程中，它的表面会沉积一层又一层的二氧化硅。当海水温度变化时，这些超薄硅质层中会发生化学变化，通过匹配其中的模式与地质学家建立的气候记录，就可以确定这些硅刺的年代。人们通过硅刺分析从位于日本和中国台湾之间东海冲绳海槽的海底挖出的一只海绵，估算出其年龄大约为 1.8 万岁。[12] 这只动物最引人注目的地方还不是它的年龄，而是当人们将它清洗干净以便分析时暴露出来的那根玻璃构成的刺：它长 3 米，直径 1 厘米，比奥运会使用的标枪还要长，像光纤电缆一样清澈透明。

这只海绵究竟是有记录的最古老的个体生物，还是一个古老的细胞群，这基本上是一个见仁见智的问题。认为它是一个集群的理由是，观察表明某些类型的海绵的柔软部分用筛子筛过后还能存活。一团团细胞迅速重新聚集，慢慢恢复成完整的海绵。另一方面，海绵细胞的特化程度比我们过去认识到的要高得多，不同的细胞各司其职，有的形成外皮，有的驱动水通过海绵的多孔结构，有的分泌构成骨架的物质，有的则爬来爬去，疏通水流的通道。这种分工使我们联想到更复杂的动物的解剖结构。

把珊瑚划入群体生物的范畴，似乎不会有多少不同意见，因为它们是由成千上万只珊瑚虫组成的。每只珊瑚虫都像是一个微型海葵，体内生活着大量虫黄藻——通过光合作用供养珊瑚。然而，情况并不像看起来的那么简单，因为珊瑚虫的底部是由组织串在一起的，所以它们可以在整个群体中分享营养。和深海海绵一样，黑珊瑚可以存活数千年。夏威夷有一种黑珊瑚，根据生长速度测量和碳测年结果，可以确定其中年龄最长的已经活了4 265 岁。[13] 所以，最长寿的动物到底是玻璃海绵、黑珊瑚还是冰岛蛤，你说了算。

科学对最长寿的植物、真菌和动物感兴趣，最核心的原因是：弄清楚它们为什么能活那么久，就有可能找出长寿的秘诀。用树木的悠久历史作为保护它们赖以生存的栖息地的理由，似乎比不上有可能延长人类寿命那么重要，尽管两者归根结底是一回事。没有人质疑保护埃及金字塔的重要性，让人们关心同一时期生长在内华达山脉的灰蒙蒙的树却很难。

人类对长寿的痴迷，或者更确切地说是对死亡的恐惧，意味着在古老生物上取得的每一个奇特发现都极具新闻价值。所谓的永生水母享有远远超出老树和乌龟的显赫地位，就是出于这个原因。水母会经历一系列变态过程。首先是受精卵，然后成长为扁平的浮浪幼虫。浮浪幼虫在水柱中游动，然后附着在岩石上，变成水螅体。水螅体完全长成后，释放出微小的有放射状肢体的蝶状幼体。蝶状幼体经历最后的蜕变，成为成体水母，即水母体。成体水母释放卵子和精子进行繁殖。完成繁殖后，大多数种类的成体水母都会解体，但"永生"水母，即道恩灯塔水母（*Turritopsis dohrnii*），可以回到幼年珊瑚虫的形态，从而恢复生长，逃脱死亡的命运。任何形态的水母个体都无法长期存活，但这种水母通过逆转生命周期延长了基因组的表达。弗朗西斯·斯科特·菲茨杰拉德在短篇小说《本杰明·巴顿奇事》中讲述了一个发生在人类身上的类似故事。小说的同名主人公本杰明·巴顿出生时就是一个老头，他越活越年轻，最后作为一个没有记忆的婴儿结束了他的一生："然后，整个世界一片漆黑，他的白色婴儿床，在他上方晃动的模糊的面孔，以及温暖甜美的奶香，都从他的脑海中彻底消失了。"[14]

池沼里的水螅是水母的近亲，在 18 世纪它们的名声达到了巅峰，被誉为不朽。亚伯拉罕·特朗布莱（我们在第 1 章中提到过他对水螅发射刺丝囊的观察）就因为研究水螅的再生能力而名声大噪。在向法国和英国伦敦的富有赞助人展示水螅的顽强生命力时，他把这些小动物切成两半，或者剪掉它们的触须，让赞助人看到这些四分五裂的组织活了下来，还能长成成体水螅。最近的实验证明，水螅确实具有普遍意义上的抗衰老能力。[15] 被放进培养皿中，远离室外池塘中捕猎它们的捕食者之后，至少在 4 年里没有水螅死亡。在此期间，它们通过长出芽体进行无性繁殖。当这些芽体能够自己进食时，它们就会脱离母体。然而，一些证据表明，长期来看芽体的形成速度会下降，这可能表明水螅正变得衰弱。对水螅来说，4 年可能是一段很长的时间，但并不足以成为传奇。

　　如果我们关注基因的连续性而不是生物体的生存，生物永生的前景就会有所改观。从长远的角度来看，我们都是传递信息的信使，终有一天，这些信息将为从第一个细胞开始至最后一个细胞结束的整部生命史画上句号。自然选择一旦完成了它的遗传使命，就对个体的坚持视而不见。大自然母亲不会在意生物传递DNA后是死亡还是衰老。她的冷漠也有积极的一面，但并不意味着个体可以无限期地坚持下去。地衣在巨石上向外扩张的过程似乎有可能不断地进行下去，但这块岩石总有一天会破碎或被上升的海水淹没。时间更短的地质活动为每一个局部生态系统都设立了最长时间限制，例如，森林在冰原消退时萌发生机，但下一次冰期就会带来灭顶之灾。地质纪元中还充斥着山脉形成和侵蚀的过程。它们持续的时间更长，比个体动物的漫长寿命长成千上万倍，比更短暂的人类的寿命长几十万倍。

第
9
章

龙王鲸

100 万年（10^{13} 秒）

演化的影响力覆盖本书涉及的所有时间尺度，包括它利用DNA复制时发生的瞬间错误来制造演化所需原材料的过程，以及历时数十亿年的生命之树扩张过程。一个细菌细胞或病毒颗粒的基因构成方面的升级能像野火一样传播，这是因为这些微生物繁殖得非常迅速。当一堆杂乱的突变中突然产生了一个有用的DNA碎片时，这个意外之喜比那些不太有价值的生存指令更有可能被保存并携带到未来。在这个过程的指引下，细菌对抗生素产生了耐药性，新的病毒让疫苗失去了作用。在微生物和宏观生物种群中，盛行的基因不断更替，而演化就是通过这些变化得以实现的。随着基因进行重新调整，生命沿着新的分支，像杰克逊·波洛克的滴画一样不断扩展，通过传承不断产生新的物种，把河马这样的生物改造成像鲸这样的庞然大物。

　　鲸是由河马的一个近亲演化而来的，而这个近亲可能看起来更像今天热带森林中可以见到的小鼷鹿。[1] 这个演化过程在大约 800 万年的时间里完成，速度应该算是非常快了，因为人类从外表非常相似的猿类演化到现在这个样子也花了这么长的时间。在几百万年的时间里，我们毛茸茸的祖先演化出黑猩猩和人类这两个不同的谱系，这个过程与陆地动物演化成海中巨兽相比似乎毫不费力，但演化就是这样进行的。

河马每只脚有 4 个脚趾，每个脚趾上都有蹄。它们是蹄甲数为偶数的有蹄动物，与猪、骆驼和牛一样，都属于偶蹄动物。马的每只脚有 1 个脚趾，脚趾上有蹄，是奇蹄动物。陆地哺乳动物和鲸之间的历史渊源，在印多霍斯兽（亦称印原猪）的化石上可见一斑。[2] 印多霍斯兽是一种已灭绝的印度偶蹄动物，体型与浣熊相仿，喜欢在浅水中涉水。这种两栖生活方式的证据来自它的肢骨：内部增厚，在中央为骨髓留出了一个狭窄的腔。如果人类出现这种骨密度增加的现象，即骨硬化，往往与骨癌或其他疾病有关，但对印多霍斯兽来说，这种结构能增加重量，使它沉入水中。被称为水下行走者的河马也有骨硬化现象。对印多霍斯兽牙釉质的化学分析证实，这种小动物在淡水栖息地生活了很长时间。它可能以生长在河岸上的植物和被淹没在水里的植物为食，还会搜寻贝类和其他无脊椎动物。这些习性似乎与鲸相去甚远，但它的牙齿、头骨和中耳化石的形状与鲸类相似。

印多霍斯兽生活在大约 4 800 万年前的始新世中期，当时今天印度所在的构造板块与欧亚板块的碰撞正在把喜马拉雅山脉推向更高的高度。构造板块由大块地壳及下方的地幔组成，以每年几厘米的速度在地球表面移动。板块碰撞会导致山脉每年升高几毫米，也就是说，在人类一生的时间里会上升 0.5 米，每 100 万年上升几千米。19 世纪 30 年代，地质学家查尔斯·莱伊尔在对比了这个极其缓慢的地质过程与它导致的壮观结果之后，认为地球的年龄比《圣经》所说的几千年要大得多。这一发现启发了查尔斯·达尔文，让他开始猜测生命是如何通过构造和功能的日积月累的演变来实现它的多样化的："查尔斯·莱伊尔爵士的《地质学原理》肯定会被后世的历史学家认为在自然科学领域掀起了一场革命。凡是读过这部伟大巨著的人，如果不承认过去的时代曾是何等久远，最好还是立刻合上我这本书，不要再读下去了。"[3]

在莱伊尔开创的那个时代，达尔文猜测鲸可能是由熊演化而来的，因为熊"在结构和习性上越来越习惯水生"。[4] 然而，在他的批评者看来，熊和鲸之间的联系太不切实际了，因此达尔文将它从第二版《物种起源》中删除了。当然，他关于陆地哺乳动物转变为鲸的猜想是正确的，不过，如果他猜的是"鹿"而不是"熊"，那就更好了。在达尔文乘坐贝格尔号航行期间，有人在美国哲学学会于费城召开的会议上介绍了在路易斯安那州首次发现的鲸类化石。有 9 升的水桶那么粗的椎骨排在一起，生动地体现了原始描述中使用的"海中巨兽"一词。人们认为这种已灭绝的巨兽可能是一种像蛇颈龙一样的海栖爬行动物，因此把它命名为 *Basilosaurus*，意思是"帝王蜥蜴"（现称龙王鲸）。当这些椎骨、相关的颌骨碎片、牙齿和骨骼的其他部分被送到伦敦时，著名的解剖学家理查德·欧文认为它们属于一种哺乳动物，并指出这种动物可能与海牛有亲缘关系。

自 19 世纪以来，人们发现了很多龙王鲸化石，包括在埃及著名遗址鲸鱼谷发现的一具完整的骨架。龙王鲸长 18 米，和铰接公交车一样长。它是一种鲸，不是海牛，早在 3 800 万年前的始新世就已经在温暖的热带水域中游弋了。它有像鳄鱼一样的长下巴和可怕的牙齿。从猎物头骨化石上的咬痕来看，龙王鲸是顶级猎食者，以硬骨鱼和鲨鱼为食，偶尔也会攻击幼鲸。它的身体形状像一条巨大的鳗鱼，游动时脊柱会上下摆动，而不是像鱼一样左右摆动。尾鳍可能会增加向前的推力，但我们不能确定这一点，因为它的肉质组织没有保存下来。前端的小鳍可以起到转向和平衡的作用，但是短小的后肢太弱，无法在运动中发挥任何作用，在交配时可能会派上用场。

　　从龙王鲸的四肢可以明显看出，它与河马以及印多霍斯兽等偶蹄动物有亲缘关系。偶蹄动物有距骨（构成踝关节的骨头），形状像一对连在一起的滑轮。它像铰链一样，使脚可以上下运动，同时还能限制它的左右运动。龙王鲸短小的后肢上就有这种骨头。很难理解外表像印多霍斯兽的陆地动物后代是如何变成龙王鲸和其他早期鲸类的，就像我们很难通过山脉上升的速度来理解山的形成过程一样。这项任务似乎是不可能完成的，除非我们能理解数百万年日积月累的微小变化所具有的创造性潜力。幸运的是，有非常好的化石记录指引我们探索，它向我们展示了一系列灭绝物种，并告诉我们这些物种越来越适合水中的生活。

　　巴基鲸是曾经生活在巴基斯坦的哺乳动物，外形有点儿像狼，但像印多霍斯兽一样喜欢在水中活动。它的下颌向前伸出，能咬住鱼。它的两只眼睛彼此靠近，尾巴像水獭的那样粗。头骨和内耳的解剖结构表明，它是一种早期的鲸类动物。体型与海狮相仿的游走鲸在淡水和海水中都能生存。它的腿很短，前后脚都很大，指趾很长，可能有蹼，可以像桨一样划水。与它有亲缘关系的完全水生的鲸类，都有适合水下工作的耳朵。又过了几百万年，鲸的眼睛从头顶移到两侧，鼻孔从鼻尖移到鼻子顶部，后肢退化后只留下残余部分。此时，海洋里到处都是体型庞大的鲸。与现在的鲸目动物相比，这些史前鲸类的大脑非常小。后来，鲸有了回声定位系统、复杂的发声系统，而且社交生活十分丰富，因此需要更大的大脑。

鲸类演化的原因尚不清楚，人们可能同样会问：为什么蝙蝠是由不会飞的哺乳动物演化而来，鸟类是由不会飞的恐龙演化而来，两栖动物是由鱼类演化而来？在每一次转变的背后，都有一个之前未被利用的机会，有一种与之前略有不同的生活方式在起作用。它可以为物种提供一些觅食、求偶或保护方面的优势，而其中任何一种优势都会增加该物种储备的基因被赋予后代的可能性。通过越来越多地进行水生生活，既能行走又能涉水的早期鲸类可以在不受其他哺乳动物干扰的情况下填饱肚子。它们的后代放弃了安全的土地和河床，转而投身大海，游向了更加广阔的前景。

这些都不能说明巴基鲸是游走鲸的祖先，也不能说明龙王鲸是从巴基鲸或游走鲸演化而来的。造成三者或者其中任何一个灭绝并且没有留下后代的原因，可能是出现了超级捕食者，或者是在与其他动物的激烈竞争中败下阵来。但所有化石都显示了更丰富的性状，具备其中一些性状的动物得到了演化的青睐，成为现代齿鲸和须鲸的祖先。游走鲸并不是这些陆地和海洋哺乳动物之间"缺失的一环"，就像每一个死去或活着的生物都不是祖先和后代之间的一环一样。物种的特征根据代代相传的DNA不断变化，大多数生命形式随着时间流逝而消失得无影无踪。我们可以根据化石记录，详细描述数百万年来演化出的一小部分动物。鲸的演化只是始新世史诗的一个片段。从化石重建生命历史的任务就像描述彩虹的颜色一样，我们能一眼看到红色、绿色和蓝色，却看不到中间的颜色，因为红色会渐变成橙色，橙色渐变成黄色。

作为对化石记录的补充，海豚胚胎研究揭示了一些肯定是在鲸类传宗接代过程中发生的遗传修饰。[5] 和其他脊椎动物一样，海豚看起来像是处于发育早期"咽胚期"阶段的小海马，颈部有皮肤褶皱，手臂和腿的位置有小芽体。四肢的发育是由一系列基因协调的，其中包括以电子游戏角色命名的音猬因子，这个基因表现在芽体的外缘。音猬因子在海豚前肢的发育过程中很活跃，但在萎缩的后肢中保持沉默。海豚后肢的产生和萎缩是一个明显的例子，说明胚胎发育是以共同的形体构型为基础，然后这里捏一捏，那里抻一抻，一番操作之后，打造出形形色色的动物。

龙王鲸等早期鲸类有短小的腿，与骨盆相连。在鲸的后期演化过程中，腿和骨盆都萎缩了，骨盆蜕变成一对弯曲的骨头，起固定肌肉、引导阴茎完成交配的作用。有些鲸类的骨盆上还有退化的肢骨与之相连。有的海豚出生时在后肢的位置上有非常小的鳍，这种情况非常罕见，但表明至少还有一些控制后肢发育的基因隐藏在鲸类的基因组中。正如我们所见，大多数情况下，这些指令在早期胚胎中是沉默的。

由于基因保护，某些动物群体的演化过程非常有趣。在从蜥蜴演化到蛇的过程中，前肢消失了，但有些蛇在被淘汰之前，曾保留大小不一的后肢达数千万年之久。在1亿年前的白垩纪中期，一些蛇长达数米，却保留了长度只约有1厘米的后肢，附着在尾部的骨盆带上。可以想象，这些短小的肢体的确有助于推动这些动物越过障碍，但似乎更有可能的是，它们的作用是让配偶依偎在一起，而不是像今天的蛇那样缠绕成一个结。虽然所有的有肢蛇都灭绝了，但控制腿脚发育的基因在它们的后代中保留了下来。这在蟒蛇身上很明显：它们的早期胚胎会形成骨盆带、股骨和发育不全的爪子。这些结构在蛇孵化之前就退化了，就像海豚的残肢一样，但它们在蛇的表面留下了马刺状的构造，在求爱和交配期间，雄性蛇可以用来抚摸和搂抱雌性蛇。后肢退化、改变以适应交配这个事实表明，因为某种功能（在陆地上运动）演化出的结构可以被用于另一个截然不同的目的。这个发生在鲸和蛇身上的事实是趋同现象的一个典型例子——趋同指的是在互不相干的情况下产生的构造和功能上的相似性。

龟在2.6亿年的演化历史中，至少有4次和鲸选择了相同的方向：离开陆地和淡水栖息地，转而投身海洋。这确实令人惊讶，因为我们知道爬行动物演化的重点是征服陆地。爬行动物有可能实现这个目的，是因为它们演化出了被保护性羊膜包覆的胚胎——蛋。刚孵出的爬行动物肌肉发达，看起来就像微缩版的成年动物，而不是需要通过变态进行大规模重塑结构的两栖蝌蚪。陆龟在侏罗纪变成海龟后，还需要爬上岸，在沙滩上挖窝。鱼龙在海里产下在输卵管内孵化的幼崽，避免了惊慌失措的幼崽在沙滩上被大规模屠杀的惨剧。龟在原有的产卵策略上还加了保险：它们可以限制输卵管内的氧气，阻止胚胎的发育，直到龟妈妈找到挖窝的最佳地点。[6]

有的早期海龟腹部有坚硬的壳，柔软的背部没有任何防护，似乎是无甲壳祖先和全甲壳后代之间的一个过渡。它们成年后的解剖结构会让人想起现存龟类胚胎发育过程中的各个阶段，在胚胎孵化前，肋骨会扩张并融合，形成扁平板状结构。最大的龟类——始祖龟生活在白垩纪末期，重量接近2吨，长度超过4米，有坚韧的外壳和钩子一样的喙状嘴，可以嚼碎躲在海底的贝类和甲壳类动物。这种巨大的爬行动物在6 600万年前的小行星撞击地球之前就已经灭绝了，但所有古代海龟群体的代表在这次生命之树的大修剪中幸存了下来。生活在淡水栖息地的龟也挺过了这次集群灭绝，这表明是身体的韧性和缓慢的新陈代谢的共同作用让它们活了下来。从那以后，原始龟类群体仅有一个幸存了下来，其余的群体全部消失了。现在仅存的356种龟统称龟鳖目，包括今天的海龟、拟鳄龟、河龟、泽龟、泥龟、林龟、水龟、软甲龟、陆龟和侧颈龟等。[7]龟鳖目成员如此繁多，说明它们的形体具有可塑性，因此演化过程可以将这些有壳爬行动物细分成适合各种环境的不同版本。

这些巨龟的祖先肯定以大陆或者火山岛作为栖身之所，因为它们不会游泳。趴在浮木上随波逐流的幼龟可能是最成功的移民。巨型陆龟曾广泛分布在非洲大陆、南北美洲、南亚和印度尼西亚，后来因为人类的迁徙和繁殖而灭绝。还有一些在马达加斯加、毛里求斯、加那利群岛和马耳他等无人居住的岛屿上繁衍生息，但很快也受到了人类的破坏性影响。唯一的幸存者是塞舌尔群岛和加拉帕戈斯群岛的本土物种。数百万年的演化时间尺度与人类突如其来的干预之间的交集，突出体现了人类就是生物学上的小行星这个特性。

爬行动物是这样，植物也是这样——演化重点是占领陆地。陆生植物大约在5亿年前演化，比第一批像小海豹一样扑倒在泥泞海岸上的有脊椎动物至少早了1亿年。这些植物殖民者形似苔类植物，它们与真菌一起，在细菌和藻类产生的污泥中茁壮成长。真菌在这些苔类植物的细胞内生长，并将它们的细丝扩散到土壤中，为植物提供溶解的营养物质，以换取植物通过光合作用产生的糖分。（作为一名真菌学家，如果我在这里不提一下真菌在植物的辅助下征服陆地的过程，就是我的失职了。）在植物逐渐适应陆地生活后，它们为自己安装了内部管道，以便水以及溶解的糖分沿着茎上下循环。凭借结构上的创新，植物给大片土地披上了绿装，并通过光合作用向空气中输入了大量氧气，同时大量消耗了二氧化碳。正因为泥盆纪时期生长的茂密森林从大气中吸收了大量的二氧化碳，才导致冰川扩散、海平面下降，地球从温室变成了冰窖。

时光飞逝，到了数亿年之后的白垩纪，随着鲜花出现，一些散布的植物找到了回归海洋的方法。这种转变肯定有巨大的回报，因为它至少发生了 4 次，而且涉及的植物分属泽泻目下不同的科。这些植物的某些机体结构和生理机能为转变创造了条件，因为海洋植物中没有玫瑰、毛茛，也没有百合，只有海藻——它们与陆地上的草没有亲缘关系。

在海水中生活的最大障碍是海水的盐分会导致脱水，而脱水会导致死亡。海水淹没土壤，植物就会枯萎、死亡。海平面上升导致的咸水入侵是沿海地区作物面临的主要威胁。在根据约翰·温德姆的小说《三尖树时代》（1951）改编的同名电影（1962）中，主角知道盐有除草作用后，用海水杀死了四处杀人的三尖树。终生泡在水中的海龟有办法对付海水中的有毒成分，它们可以通过眼角的特殊腺体清空含盐污泥。鲨鱼的直肠腺能起到同样的作用。鲸的肾脏就像是强大的过滤器，让血液中的盐分保持与陆地哺乳动物相同的水平。[8] 海藻没有这些器官，但它们可以通过在细胞中集结防护分子来对抗脱水。当水分从海藻流失到海水中时，这些防护分子可以从海水中吸收同样多的水分。因此，海藻与周围的海水之间能保持渗透平衡。有很多与植物没有亲缘关系的海藻都会利用这种机制保持水分，包括岸边岩石上生长的墨角藻、形成大片近海森林的巨藻，以及漂浮在开阔海面上的马尾藻。

海水还对植物生长提出了其他挑战。陆生植物通过叶子上的气孔呼吸，但气孔在水下不起作用。海藻在演化过程中失去了气孔，于是它们通过吸收溶解在海水中的二氧化碳进行光合作用。光照是光合作用所需的另一种资源，其强度随着水深增加而下降，因此海藻在没有沉积物的清澈浅水中生长得最好。最后，有些植物的陆生祖先会把花粉释放到空气中，对这些植物来说，在海洋中繁殖是一个问题。地中海里广袤的欧海神草甸不是通过种子传播的，它们是通过水平的茎或根状茎向外扩散的无性系。但海藻确实会开花，并释放出一串串细长的花粉粒。这些花粉粒在海水中随波逐流，直到被包裹了一层防水黏合剂的雌蕊拦截。几周后，海水就会把漂浮在水面上的果实送往四面八方。[9]演化出耐盐性和新的繁殖方法，以及失去用气孔呼吸的能力，是一件极耗费时间的事情，但植物尚未占领的领地所具备的优势足以刺激自然选择重新装备淡水物种，以便它们能在海洋中繁荣发展。这个过程类似于鲸从陆地到淡水，再到半咸水沼泽，最后进入海洋的过程。海藻化石表明，这项工作大约是在 1 亿年前完成的。

在未经专门训练的人看来，海藻很像陆地上的草，因此它们在盐水中生长和繁殖的复杂适应能力被低估了。鲸和海龟是自然选择推动力的更明显的象征。其他的次生海洋动物（祖先是陆生动物的海洋动物）有着同样引人注目的发展历程。从所有这些物种那里，我们都能在它们发育过程中发生的解剖结构显著变化中找到相似之处，最明显的是海豹、海牛和那些已经灭绝的海洋爬行动物把用于行走的四肢变成了鳍状肢。[10]鲸和鱼龙的祖先相隔 2 亿多年，先后离开了坚固的陆地，投入了波涛汹涌的海洋。

翼龙、鸟类和蝙蝠通过祖先完成的类似的复杂改造，将前肢变成了翅膀而不是鳍状肢，从此飞向了蓝天。

安东尼·特罗洛普一生写了 47 部小说，在邮局的工作也取得了出类拔萃的成绩。用他的工作方式来形容演化的坚定性非常恰当："我一直坚持不懈，而坚持不懈地努力可以征服一切困难。"[11] 自然选择是生命的创造者。鳍变成脚之后，两栖动物的肉掌踩过了泥泞的土地；手指和脚趾之间长出了蹼之后，爬行动物和哺乳动物回到了水中；爬行动物和哺乳动物的手指变长、展开，变成薄薄的皮质翅膀，在恐龙的胳膊上长出了羽毛之后，地球上就有了鸟类；随着各个部位融入胚胎中的不同位置，漫长的演化过程打造出了新的动物。

第
10
章　生命的开始

生命的开始

10 亿年（10^{16} 秒）

生物变化和地质变化的速度极快。在地球表面被挤压成山脉，沿着海底火山的山脊撕裂的同时，生命也在自我塑造和改造。随着巨大的地壳碎片重新排列，堆积在海底和湖底的肥沃泥浆被压制成了一块块中间藏有化石的条形岩石。生物学和地质学共同作用，改变着地球的化学成分和气候，而宇宙也不时地按下重置键，把一颗小行星扔向这片生命的乐土。大多数生物学家忽略了房间里的变形虫，关心的是更大的生物——它们没有屈服于微生物已经延续了数十亿年的霸权，长出了肌肉或者叶子。但不可思议的是，生命确实是从一个细胞开始的，还将以同样的方式终结。

我们把时间表稍微简化一下。生命有 40 亿年的历史，像人类这样的复合真核细胞出现在 20 亿~30 亿年前，在 10 亿年前所有的生物还都是微生物。[1]地球是太阳形成时留下的一团星云在合适的轨道上凝结而成的，因此表面不太热，也不太冷，温度刚刚好。因为不时有陨石落下来，所以这颗年轻的行星始终保持着熔融状态。后来，它与火星大小的行星忒伊亚碰撞，释放的物质形成了月球。随着太阳系逐渐稳定下来，撞击减少了，地球开始冷却，表面开始积聚液态水。此后不久，生命形成了。这种早期起源的证据来自一系列地质标本，其中不仅有生物留下的化学痕迹，还有一些微粒，看起来很像我们所期望见到的细胞的化石。

在加拿大、格陵兰岛、南非和澳大利亚西部，由于年代较近的沉积物受到侵蚀，年代更久远的岩石被抬升并暴露出来。最古老的化石就出现在这些岩石中。一些岩石在受压、受热后融化，然后再次结晶，最终形成的石板中藏着清晰可辨的细胞。还有一些来自不同地方的岩石，先是裂成碎片，变成泥浆，然后融为一体，留下了生命的化学痕迹。这些细胞化石是一些非常细的细丝，保存在澳大利亚发现的35亿年前的燧石（一种坚硬的细粒岩石）中。[2]纯粹的地质作用可以创造出看起来像细胞的作品，但人们发现澳大利亚的这些化石中富含一种较轻的碳同位素（碳12），从而证实了它们的生物学特性。碳12是微生物活动的明确标志。当组装生物分子的酶专挑碳12，避开较重的同位素碳13时，就会出现这种化学不平衡现象。

即使是加拿大哈得孙湾东岸暴露出来的更古老的岩石，也含有可能由细菌产生的宝石红色管状赤铁矿（氧化铁）。[3]这些岩石被称为变质砾岩，是由海底火山喷出的多层岩浆形成的，其间点缀着含有这些管状赤铁矿的石英晶体沉积物。能制造这种管状赤铁矿的细菌可能生活在热液喷口附近，并将铁作为能量来源。

今天，制造氧化铁的细菌就是这样工作的，它们通过从亚铁离子中剥离电子来为自己提供能量，并将产生的废铁（三价铁离子）沉积在它们的表面。管状赤铁矿看起来可能是铁离子在这些微生物祖先周围结晶形成的。一些管状结构里有一些褶皱的细线，可能是释放铁离子的细胞的残留物。据估计，这些红色管状结构的年龄约为 40 亿年，它们是生命留下的最古老的可信证据。

与生物起源相吻合的化学印记中，也有早期生命留下的痕迹。嵌在澳大利亚岩石中的石墨颗粒似乎与那些管状赤铁矿的年代相同，有类似的碳 12 特征标记。[4]这些石墨被困在锆石晶体中。因为石墨位于锆石内部，所以它一定和这些晶体的年龄相同，而放射性测年显示它们有 41 亿年的历史。随着对古代岩石样本的分析越来越深入，我们逐渐抛弃了流传已久的关于在贫瘠星球上努力创造万物的传说，并意识到生命似乎是在物质条件不再极端恶劣的时候诞生的。一旦我们接受地球上条件成熟后就及时诞生了生命的说法，宇宙中存在外星人的可能性就更大了。这一判断的唯一缺陷是，我们不知道地球上的生命是如何诞生的。我们知道生命确实存在——照照镜子就可以证实，但不知道生命是如何开始的。

这个问题几百年来一直遭到忽视，因为我们相信神是依据超自然原理创造生命的引擎。自然发生的概念隐含在所有宗教传统的创世神话中。例如，根据《古兰经》，真主“用水创造一切生物”（第 21 章第 30 段），“创造他所意欲者；真主对于万事是全能的”（第 24 章第 45 段）。这个故事模糊的不可知论版本吸引了小时候的我。我的姑姑艾玛住在林肯郡的集镇霍恩卡斯尔，她把橡木桶放在后门屋檐下接雨水，过滤后用来洗头。桶里有很多蚊子幼虫和水蚤。在桶的深处，这些动物似乎就是水的一部分，是被某种看不见的手召唤出来的。在我的花园里翩翩起舞的蚊蚋小得无法看清，但在阳光下闪闪发光。它们似乎是大自然的另一个神奇的部分，纯粹是由空气的化学成分制造出来的。

在 17 世纪之前，昆虫繁殖研究取得的成就仅限于这些幼稚的幻想。人们没有求助于实验测试，在观察和猜测的引导下得出了自然发生的观点。意大利研究者弗朗切斯科·雷迪是第一个挑战正统观念的人。[5]他证明了昆虫是从卵孵化出来的，如果用"细密的那不勒斯头巾"盖住瓶口，不让苍蝇接触瓶里的肉，肉就不会生蛆。[6]这是生物学研究的转折点，但它对解释生命最初的来源毫无帮助，而神继续填补着我们认知上的空白，擦亮了创世的火花。

火花在自然发生说（生命从非生命物质中产生）早期研究中占据了最重要的位置。该学说认为，在玻璃容器中装满简单的化学物质，然后通过放电模拟闪电，容器中就会形成生物分子。这是 20 世纪 50 年代芝加哥大学的斯坦利·米勒和哈罗德·尤里做的原始汤实验。[7]这些科学怪人式的实验不管多么巧妙，可能都对回答"生命如何起源？"这个问题起到了阻碍作用。原始汤通电实验的问题在于，教科书宣称它可以令人信服地解释生命的起源，但事实并非如此。米勒和尤里透露了一些关于细胞基本成分的线索，但只字未提这些成分是如何构成细胞的。很多生物学讲座只展示了这个著名火花室的一幅示意图，接着就开始讲演化，不承认从化学到生物学的过程还是一片模糊。这是科学上的一个典型的重大空白，应该作为研究的灵感来源，被讲给年轻人听。

秉承米勒和尤里传统的实验仍在继续。通过调整物理条件并改变起始化学物质的配方，人们已经制成了一些生物分子，包括构成蛋白质的大多数氨基酸，以及单糖和RNA（核糖核酸）分子中的编码化学物质（碱基）。这些发现支持RNA先于DNA形成并促成了蛋白质形成的观点，后者是RNA在细胞中的主要功能。RNA还具有一些有趣的自组装特性，或许可以复制自身碱基序列中的信息，并将这种形式的遗传信息传递到未来。[8]另外一些研究表明，在新陈代谢过程中产生关键中间产物的一些化学反应，实际上可以在没有任何细胞的情况下发生。亚铁离子在这些实验中充当催化剂，起着细胞里的酶所起的作用，在没有任何基因监督的条件下驱动试管中的反应网络。[9]如果这种化学反应发生在原始汤中，我们可以想象它会成为原始细胞的一部分。围绕RNA发生的代谢反应使化学更接近生物学，所以这是一个了不起的发现。此外，要满足唯一的必备条件：有一层起保护作用的膜。这个条件不是问题，因为我们有细胞。

被膜包围的细胞是生命的关键。著名的生物化学家弗兰克·哈罗德曾说："太初有膜。"[10]在膜限定的空间里，参加生化反应的物质可以聚拢到一起，并与外面漂浮的乱七八糟的化学物质隔绝，因此这些反应是可控的。一旦这个秩序之岛被某种形式的遗传指令列出详细信息，这个微小的生命就有了繁殖的潜力。一旦开始繁殖，生命就会正式开始运转，而演化就会掌控一切。这个障碍被称为演化阈值（Darwinian threshold），一旦突破，第一批最成功的微生物就会从较弱的同批微生物中脱颖而出。竞争是信息从一代细胞（或原始细胞）流向下一代的能力带来的必然结果。

宇宙演化研究和细胞起源研究有相似之处。物理学家在讨论宇宙膨胀时往往有理有据，但是在讨论宇宙起源那一瞬间发生的事件时，他们只能做出一些推测。同样地，生物学家对演化过程的理解非常深刻，但在试图解释最简单的细胞的形成过程时往往束手无策。物理学家提出了新的数学方法来探索大爆炸，要研究最初的那些细胞，似乎也需要想出新的方法。可能有大家都没有想到的巧妙答案。可能有人凭借天然直觉和横向思维，已经找到了答案，但他们默默无闻地活着，在默默无闻中死去，没有人知道他们的答案。或者，也许某位从事细胞生物学或生物化学研究的科学家此刻已经非常接近真相，但需要有人鼓励他/她稍稍调整方向。这看起来不像是那种通过大量细胞代谢实验就能实现的科学突破。这项工作有着更重要的意义，前景也非常诱人。

在我们进行这项研究的过程中，另一个问题出现了：生命究竟为什么会出现？或者，更明确地说：是什么原因让地球上有了生命，而不再是一颗纯粹的地质星球呢？如果这是一个由一系列不大可能实现的步骤形成的几乎不可能发生的偶发事件，那么失败的可能性会随着时间推移而增加。以这种方式创造生命，就和抛硬币一样——抛掷次数越多，连续抛出正面的概率越低。取得进展的唯一途径是建立一种机制，为一个个提升复杂性的小步骤创造有利条件。乍一看，追求从简单到复杂（熵）的冲动似乎与建立在秩序之岛上的生命相矛盾。但是，只要以其他地方的混乱为代价，局部避免混乱就是被允许的。在这里，太阳充当了救星，它为植物提供了足以进行光合作用的能量。在被岩浆加热的含矿物质水的浇灌下，生命的光辉在热液喷口周围绽放。

熵是时间和生物的主宰。在 20 世纪二三十年代推广了爱因斯坦广义相对论的英国天体物理学家阿瑟·爱丁顿认为，没有熵，时间就不存在。他用"时间之箭"这个比喻来解释这种不可避免的关系：用指向不断升高的随机性或熵的箭头表示未来，用指向相反方向（更有序的低熵状态）的箭头表示过去。熵是"时间单向性"的原因所在。[11] 哲学家对时间之箭提出了一些不那么令人信服的批评，例如 J. M. E. 麦克塔格特提出的那个有趣但终归不切实际的观点（他认为时间只存在于人类想象中），以及亨利·柏格森与阿尔伯特·爱因斯坦之间旷日持久的时空之争。[12] 柏格森关心的是人类对时间的体验，认为这种体验可能与用时钟测量的时间流逝不一致。这种不一致性可能是真实的，但它不会影响到爱丁顿的时间之箭飞行。

那些更浪漫的物理学家认为时间具有某种普遍的可塑性，但这无助于解决问题。如果我们考虑有可能发生多次大爆炸和大坍缩，而不是仅在时间源头发生一次大爆炸，那么每个宇宙都有自己的时间之箭。一旦宇宙在膨胀阶段结束后开始收缩，时间甚至可能倒退。研究量子引力的物理学家正在仔细考虑这些想法，并开始支持我们所熟悉的"时间流逝其实是一种幻觉"的哲学主张。量子引力理论是统一爱因斯坦物理学与量子力学这项艰巨工作的一个部分，它认为宇宙中每个空间位置都有自己的现在，而且所有时刻同时存在。[13] 幸运的是，生物对物理学中潜在的混乱状态一无所知。生命因循时间之箭的方向，围绕着经受住过去的考验、活在当下、努力让基因流向未来的原则，进行自我规划。

很多人追随着爱丁顿的时间之箭，支持"熵就是上帝"这个说法。此外，这句话在网上有很多拥趸。当我们在研究生命起源的过程中寻求新的观点时，绝不能忽视这个热力学基本原理。任何违背时间之箭的东西都是不被允许的，也就是说，它要求总熵必须减少。单个细胞是否沿着与箭头相反的方向逆流而上，这并不重要。它可以暂时不向周围扩散，只要其他相关地方的混乱能够平衡它的影响就可以了。阳光使向日葵开花并结籽。巨大的翻车鲀在海洋中游弋，以水母为食，一口气能产下 3 亿只卵。自私的猿每天上午都会忙碌不停，因为从早餐中提炼出来的养分为细胞提供了充足的能量。所有这些交易都货款两讫，不留任何债务。托马斯·布朗在 17 世纪写道："生命是一束纯净的火焰，我们依靠身体内看不见的太阳而存在。"[14]

诺贝尔奖得主、生物化学家阿尔伯特·圣捷尔吉曾说过："生命只不过是一个在寻找归宿的电子。"[15] 他指的是存在于原子结构中的能量。原子通过氧化反应获得这些能量之后，推动细胞中的化学反应。这句话表达出了生命的这种必然性：不是生命自己摸索着如何发展，而是地球上的先天条件决定了生命必然出现。我告诉我的学生，生命赋予原始能源一个时尚的任务，用以取代给岩石和水加热这种令人厌烦的工作。这些想法并不能告诉我们如何解释细胞的出现，但它们确实从化学和物理学的角度回答了"为什么？"这个问题，可以看作对亚里士多德的"普纽玛"（pneuma）[①]这个概念的现代再现。亚里士多德认为，这就是"生命热量"，是生命的驱动力。我们仍然相信，尽管没有神的干预，第一个细胞还是自然地从这种化学工艺中诞生的。

化石是生物体的明确印记。当我们把注意力转向化石时，最后一丝炼金术的气息就从生命的实验室中消失了。最古老的化石看起来像小虫子，这让人不由想起伊拉斯谟斯·达尔文所说的"一种有生命的丝，而且只此一种"，他认为这种丝是"所有有机生命的起源"。[16] 很难弄清楚这些最初的细胞是如何生存的，但对聚集在这些35亿年前的波形曲线结构中的碳同位素进行分析，结果表明其中一些细胞利用的是太阳能，即光合作用的能量，另一些则利用矿物，从无机化合物中提取能量。似乎还有第三类，它们以同类为食。今天，微生物继续以混合菌落的形式生存、死亡。目前，我们还不清楚生命始于何处，例如，细胞到底是在深海热液喷口上方多孔的烟囱中产生的，还是在热泥潭或其他温泉周围的陆地上产生的？人们对这些看起来不是那么舒适的栖息地

---

① 这个词来自古希腊，意思是"气息"。——编者注

感兴趣，是因为这些地热点有丰富的化学能，有微生物生存。不仅如此，这些微生物仍在使用的流水线式生化机制还有可能曾演化出了更复杂的生命形式。

与最初的这些相对简单的细胞相比，细胞核中有染色体的真核细胞更加复杂。真核细胞是从具有互补生活方式的微生物通过物理整合演化而来的，从它们的线粒体可以清楚地看出它们的微生物起源——线粒体显然是由细菌改造而成的。海藻化石是多细胞真核生物留下的最古老的物理证据，例如 16 亿年前的印度红藻化石和 10 亿年前的西伯利亚褐藻化石。除了这些藻类，我们还发现了数十亿年前的真菌，它们的孢子以及与之相连的菌丝以化石形式藏身于加拿大北极地区。[17] 这些化石有一个可靠的日期戳：周围沉积物中的放射性元素。因为真菌和动物有共同的祖先，而我们还从未发现任何年代与它们相近的动物化石，所以北极地区的这些孢子和菌丝是演化出蘑菇、酵母菌和人类的超级生物群的最早代表。这些真菌应该生活在河口，但我们不知道它们以什么为食。最早的动物化石看起来像有肋骨的水母，有 6 亿年的历史。最简单的陆生植物于 5 亿年前演化出来，标志着宏观生物远没有微生物那么久远的起源。[18]

继续讨论生命的起源。几十年来，在林肯郡用桶接雨水的记忆一直萦绕在我的脑海中。闭着眼睛，我能想象出蚊子幼虫在水中蠕动的样子。我想知道，就在今天，就在此刻，是否会从海底某个未知的喷泉或某个温泉周围沸腾的泥浆中喷涌出生命的基本成分。要让这个秘密花园具有孕育生命的能力，需要重新想象出一个生命创造的时间尺度，将我们认为从化学阶段过渡至生物阶段所需的数百万年时间，凝缩成一个瞬间完成的、让复杂的有机分子不断地从含有金属的温泉喷射而出的连续生产过程。这个生化过程的产物是探测不到的，因为它会与周围水中生物产生的相同物质混合在一起。在有机化合物的密集泡沫周围聚集有微生物群落，因此新生的生命一出生就会被吞噬。早在40亿年前，可能有完整的细胞从这些化学物质的包围圈中冲出来，原因很简单：没有什么东西在等着吃掉它们。自从细胞出现以后，生命和它的化学工厂就形成了一个闭合的环，就像吞食自己尾巴的宇宙之蛇——古埃及衔尾蛇。

重新审视眼前的事实就会发现，隐秘喷泉的作用似乎几乎和《圣经》中的故事一样不可思议："神说，地要生出活物来，各从其类；牲畜，昆虫，野兽，各从其类；事就这样成了。"(《创世纪》第 1 章第 24 节)。约翰·弥尔顿在《失乐园》中以钦定版《圣经》所没有的热情叙述了这个故事：

> 大地立即从命，敞开丰润的肚子，
>
> 生产了一群群的生物，形貌健全，
>
> 四肢完全发达，从地里出来。(第 7 卷 453-6)

动物纷纷摆脱了大地的怀抱："黄褐色的狮子为解放它的后部，用脚爪搔爬着，随后一跃而起，像挣断了羁绊，……鼹鼠站了起来，将碎土投掷，堆积成比它们自己还高的小山。捷足的牡鹿从地下伸出树枝样的脑袋。"（第7卷464–5，第7卷467–9）如果用弥尔顿寓言中的动物替代有机分子和单细胞，那么诗句表现出来的急迫和凶猛可能非常契合生命诞生时的真实情形。

我们在生命起源问题上的天真幼稚，不断地为梦想和思索提供空间。我家附近林地中有一条小溪。在其中一小段，由于有金属析出，岩石表面布满了以铁锈为食的细菌，就像涂抹了一层油脂，河水也变成了橘黄色。这一片橘黄是生命最古老的表现之一。早在土地披上绿装之前，水里就有这种橘黄色了。通过氧化还原反应和在自然界的调色板上添加自己的色素，可以通过新的方法进行能量转换的新生物在时间长河中宣告了自己的存在，围绕地球绘制了一幅五彩斑斓的画卷。粉色是细菌在生命初期制造出来的另一种颜色，人们从10亿年前的毛里塔尼亚页岩中提取出了这种颜色。[19] 这些细菌利用它们的色素进行光合作用。还有一些代谢先驱留下的后代生活在我们的身体中，包括在我们的口腔和肠道中发现的一些细胞，它们能将氢气与二氧化碳结合并释放出甲烷。[20]

弥尔顿在描写伊甸园时写道："在它们中间，有一棵生命之树。"这句话既适用于我假想的喷泉，也适用于那些看不见的微生物。[21] 我们生活在一座古老的雕塑中，它的刻纹也贯穿着我们的全身。科学可能已经非常接近于解开生命起源之谜，但我们不知道。在达尔文之前思考演化问题的博物学家也面临着类似的情况。后来，托马斯·亨利·赫胥黎说："当我第一次了解'物种起源'的核心思想时，我不由得想：'我竟然没有想到这一点，这是多么愚蠢啊！'我想，当哥伦布把鸡蛋立起来的时候，他的同伴们可能也说了同样的话。"[22] 21世纪的达尔文正在研究这个问题，也许还有一个阿尔弗雷德·拉塞尔·华莱士[①]，他马上也要得出同样的答案。具有讽刺意味的是，这些研究人员可能会搞清楚生命是如何开始的，而与此同时，人类正在努力解决气候变化将使人类走向末日这个问题。

无论我们是马戏团的活跃成员，还是已经变成化石记录，生命都将继续按照其机制对应的速度进行自我规划。跳蚤会在几分之一秒内一跃而起，而新的昆虫需要数百万年才能演化出来。快速移动和缓慢转变不能换成不同的速度，它们的速度是根据生命的需要和生物圈施加的物理限制确定的。在其他适居星球上，情况可能会有所不同，例如：那里的引力更大，所以运动的速度比地球上慢；或者普照万物的恒星更明亮，因此遗传修饰的速度更快。无论是在哪里，时间都不受生物影响，时间之箭以恒定的速度（光速）在空间中向前飞行。地球上铀原子的衰变速度与宇宙最深处的铀原子衰变速度完全相同。每个生物都必须沿着这个单向的度量一路向前，永远无法走回头路。

跳蚤跳得很快，存活几个月后开始繁殖。它披着盔甲的小小身体是由恒星爆发产生的原子组成的，它的起源可以追溯到最早的昆虫，甚至一直追溯到第一个细胞。随着地球上风云变幻，

---

① 阿尔弗雷德·拉塞尔·华莱士（1823—1913），英国博物学家，1858年独自提出"自然选择"理论，促使达尔文出版了《物种起源》，公开了自己的演化论。——译者注

不同的个体和物种前赴后继地登上了历史舞台，各种生物群体谱写出了兴衰存亡的壮丽诗篇。在 10 亿亿秒的时间里，细胞一直是不可缩减的生命单位，它被改造成细菌和缓慢爬行的变形虫，也增殖成狐尾松和鲸的身体。细胞将一直存在，直到太阳耗尽燃料，生物圈消融，地球回到其地质起源的纯净状态。

致
谢

我和同事比利·西姆斯在迈阿密大学教授"时间的科学与艺术"专题讨论课期间，对本书涉及的一些主题进行了深入研究。与辛辛那提的圣约瑟夫山学院的长期研究伙伴马克·费舍尔的交谈，帮助我解决了一些宇宙学问题。2019年，我参加了迈阿密大学约翰·T. 奥特曼人文学科项目组织的"时间与时间性"研讨会，因此接触到了更多的哲学问题。在远离俄亥俄的威斯康星，我与Illumignossi项目创始人、医学博士戴维·莫斯进行过一次鼓舞人心的谈话。在他提供的尤为宝贵的灵感激励下，本书采用了每章讨论一个时间段的安排。

当我撰写致谢时，正逢新冠感染四处蔓延，因此我们更加关注时间的流逝。人们可能会认为，分心的事情少了，会有日子在很大程度上变长了的感觉。恰恰相反，在封控的那几个星期，时间似乎是在飞逝，这突出体现了我们变化的生活经验与稳定的时间之箭的差异。特别感谢Reaktion Books出版社的迈克尔·里曼，感谢他在这种特殊情况下的坚定支持。

参考文献

前言

1 John Milton, 'Sonnet VII', in *Milton: Complete Shorter Poems*, 2nd edn, ed. John Carey (Harlow, 2007), p. 153.

2 Although we are unaware of events that take place on a microsecond timescale, some neurological processes operate at this speed. To determine the direction from which a sound is generated we detect the time that elapses between the arrival of sound waves in our left and right ears. These 'interaural time differences' are on the order of tens to hundreds of microseconds. Barn owls use this mechanism to pinpoint rodents rustling through the grass: Dean V. Buonomano, 'The Biology of Time Across Different Timescales', *Nature Chemical Biology*, III/10 (2007), pp. 594–7.

3 M. H. Herzog, T. Kammer and F. Scharnowski, 'Time Slices: What Is the Duration of a Percept?', *PLOS Biology*, XIV/4 (2016), e1002433.

4 R. J. Irwin and S. C. Purdy, 'The Minimum Detectable Duration of Auditory Signals for Normal and Hearing-impaired Listeners', *Journal of the Acoustical Society of America*, LXXI (1982), pp. 967–74; Clara Suied et al., 'Processing Short Auditory Stimuli: The Rapid Audio Sequential Presentation Paradigm (RASP)', in *Basic Aspects of Hearing*, ed. Brian C. J. Moore et al. (New York, 2013), pp. 443–51; Mayuko Tezuka et al., 'Presentation of Various Tactile Sensations Using Micro-needle Electrotactile Display', *PLOS ONE*, XI/2 (2016), e0148410.

6　William Blake, 'The Marriage of Heaven and Hell', in *William Blake: Selected Poetry*, ed. W. H. Stevenson (London, 1988), p. 73.

7　The power(s) of ten given in the chapter headings refer to the starting point(s) for the range of timescales that we are examining. For example, Chapter Four, on days, weeks and months, starts at one day, or 8.6 x 10^4 seconds, which is rounded to 10^5 seconds, and moves on to months, beginning with 2.6 × 10^6 seconds (rounded to 10^6 seconds) for one month. The timestamp for Chapter Four is given as 10^5 to 10^6 seconds, but extends into the next order of magnitude of seconds when we examine biological rhythms that play out over many months. Chapter Eight, concerning millennia, describes the lifespans of organisms that extend from approximately 1,000 years to a few hundred thousand years, or 3.2 x 10^{10} seconds to 3.2 x 10^{12} seconds. The timestamp for Chapter Eight is given as 10^{10} seconds. Chapter One encompasses an enormous range of the fastest biological mechanisms that span five orders of magnitude of time, from 10^{-6} to 10^{-1} seconds.

8　J. McFadden and J. Al-Khalili, *Life on the Edge: The Coming of Age of Quantum Biology* (London, 2014); J. C. Brookes, 'Quantum Effects in Biology: Golden Rule in Enzymes, Olfaction, Photosynthesis and Magnetodetection', *Proceedings of the Royal Society A*, CDLXXIII (2017), 20160822, doi: 10.1098/rspa.2016.0822. The fastest movements described in Chapter One occur in microseconds, or 10^{-6} seconds; quantum processes take place 1 billion times faster, in femtoseconds, or 10^{-15} seconds.

第 1 章　弹道

1　The Portuguese man-of-war, *Physalia physalis*, is a siphonophore rather than a true jellyfish. Siphonophores are integrated colonies of individual animals called zooids; a jellyfish is a single organism.

2　Timm Nüchter et al., 'Nanosecond-scale Kinematics of Nematocyst Discharge', *Current Biology*, XVI/9 (2006), pp. R316–18.

3　The prophecy in Book XI of the *Odyssey*, concerning the death of

Odysseus, is commonly translated as happening 'away from the sea', rather than coming 'from the sea'. The second version is championed by Jonathan S. Burgess in 'The Death of Odysseus in the *Odyssey* and the *Telegony*', *Philologia Antiqua*, VII/7 (2014), pp. 111–22.

4 Gregory S. Gavelis et al., 'Microbial Arms Race: Ballistic "Nematocysts" in Dinoflagellates Represent a New Extreme in Organelle Complexity', *Science Advances*, III (2017), e1602552. These stingers are subcellular weapons, formed in specialized organelles inside the cytoplasm of the dinoflagellate cell. Each jellyfish nematocyst is a whole cell situated on the multicellular tentacles of the animal.

5 J. A. Goodheart and A. E. Bely, 'Sequestration of Nematocysts by Divergent Cnidarian Predators: Mechanism, Function, and Evolution', *Invertebrate Biology*, CXXXVI/1 (2016), pp. 75–91.

6 Yossi Tal et al., 'Continuous Drug Release by Sea Anemone *Nematostella vectensis* Stinging Microcapsules', *Marine Drugs*, XII (2014), pp. 734–45.

7 Nüchter, 'Nanosecond-scale Kinematics'.

8 Nicholas P. Money, *Fungi: A Very Short Introduction* (Oxford, 2016).

9 It is possible that additional power comes from the uncoiling of the connecting tube, which may act like a spring.

10 Because the drummer is using two hands, the woodpecker is actually moving a single set of muscles twice as fast. Tap-dance records are complicated by the difference between speeds averaged over one-minute routines versus short bursts of dancing. Records seem to range between 19 and 38 'tap sounds' per second.

11 I. Siwanowicz and M. Burrows, 'Three Dimensional Reconstruction of Energy Stores for Jumping in Planthoppers and Froghoppers from Confocal Laser Scanning Microscopy', *eLife*, VI (2017), e23824.

12 Water molecules stick together, which is why raindrops form beads on windowpanes. This cohesiveness is overpowered by a drop in hydrostatic pressure in the water dragged by the motion of the shrimp claw, which ruptures the liquid, producing bubbles filled with gas. When the bubbles collapse, they damage the claws of the

shrimp as well as the shells of their prey. Any injury to the shrimp is limited, however, because the animal is furnished with fresh claws each time it moults. For an introduction to the research on the hammer blows struck by mantis shrimp, see Sheila N. Patek, 'The Most Powerful Movements in Biology', *American Scientist*, CIII (2015), pp. 330–37.

13 Coraline Llorens et al., 'The Fern Cavitation Catapult: Mechanism and Design Principles', *Journal of the Royal Society Interface*, XIII (2016), 20150930.

14 Yoël Forterre, 'Slow, Fast, and Furious: Understanding the Physics of Plant Movements', *Journal of Experimental Botany*, LXIV/15 (2013), pp. 4745–60.

15 Rachel Carson, *The Sea Around Us* (New York, 1951), pp. 52–3.

16 Examples include *The Merry Flea Hunt* (1621) by Gerrit van Honthorst, which is part of the collection at the Dayton Art Institute, Ohio, and a beautifully candlelit portrait, *The Flea Catcher* (1638), by Georges de La Tour.

第 2 章　心跳

1 Benjamin Libet, *Mind Time: The Temporal Factor in Consciousness* (Cambridge, MA, 2005).

2 The first use of 'watch' to refer to a timepiece came in the sixteenth century and derived from earlier applications of the noun to people on watch. In the fifteenth century, *alarum* clocks were used to alert guards to the beginning or end of their watch.

3 It was determined that a 1-metre-long (3 ft) pendulum in a clock at sea level would swing from left to right, and back again, sixty times per minute.

4 The number 60 in base 10 is 10 in base 60. We can count to twelve on one hand by touching each finger with the thumb until we complete three sequences. Each time we reach twelve, we can lift one finger on the other hand until we reach sixty. The convenience

of this counting method is one plausible explanation for the adoption of base 60 by the Sumerians in the third century BC.

5 The heart of a small mammal that beats 400 times per minute beats 400 million times in two years. Blue whales, whose heart beats eight to ten times per minute, are sustained by 400 million heartbeats over eighty years. A human heart that beats seventy times per minute for 81 years contracts and relaxes 3 billion times. The average number of heartbeats for a mammal is closer to 1 billion beats per lifetime. Herbert J. Levine, 'Rest Heart Rate and Life Expectancy', *Journal of the American College of Cardiology*, XXX (1997), pp. 1104–6.

6 Anita Guerrini, 'The Ethics of Animal Experimentation in Seventeenth-century England', *Journal of the History of Ideas*, L (1989), pp. 391–407. The brutality reached a monumental level of horror in the 1660s when Robert Hooke and other gentlemen of London's Royal Society dissected dogs kept vivified with the aid of bellows to inflate their lungs. The eighteenth-century writer Bernard Mandeville dispensed with the Cartesian silliness about the inability of animals to feel pain in *The Fable of the Bees* [1714] (London, 1970), p. 198: 'When a creature has given such convincing and undeniable Proofs of the Terrors upon him, and the Pains and Agonies he feels, is there a follower of *Descartes* so inur'd to Blood, as not to refute, by his Commiseration, the Philosophy of that Vain Reasoner?' Even with modern legislation that protects research animals from the most obvious forms of torture, journals of physiology and animal behaviour are filled with experimental methods that would cause most people to vomit.

7 Flexor muscles seem to play an important role in leg extension in the large (and terrifying) fishing spiders that live in South America, according to T. Weihmann, M. Günther and R. Blickhan, 'Hydraulic Leg Extension Is Not Necessarily the Main Drive in Large Spiders', *Journal of Experimental Biology*, CCXV (2012), pp. 578–93.

8 J. E. Carrel and R. D. Heathcote, 'Heart Rate in Spiders: Influence

of Body Size and Foraging Energetics', *Science*, CXCIII (1976), pp. 148–50.

9 Tin Man, in the Metro-Goldwyn-Mayer film *The Wizard of Oz* (1939), was based on the character Tin Woodman in the book by L. Frank Baum *The Wonderful Wizard of Oz* (Chicago, IL, 1900). Tin Woodman was distraught when he stepped on a beetle (pp. 70–72).

10 There is evidence that some nervous connections may be restored after transplantation. Morcos Awad et al., 'Early Denervation and Later Reinnervation of the Heart Following Cardiac Transplantation: A Review', *Journal of the American Heart Association*, V (2016), e004070.

11 William Wordsworth, 'She Was a Phantom of Delight', in *Poems, in Two Volumes by William Wordsworth, Author of the Lyrical Ballads*, vol. I (London, 1815), pp. 14–15.

12 Dirk Cysarz et al., 'Oscillations of Heart Rate and Respiration Synchronize During Poetry Recitation', *American Journal of Physiology – Heart and Circulation Physiology*, CCLXXXVII (2004), pp. H579–87. The hexameter of the original poems was conserved in the translations.

13 Rodney Merrill, 'English Translations of Homeric Epic in Dactylic Hexameters', *Anabases*, XX (2014), pp. 101–10.

14 L. Sakka, G. Coll and J. Chazal, 'Anatomy and Physiology of Cerebrospinal Fluid', *European Annals of Otorhinolaryngology, Head and Neck Diseases*, CXXVIII (2011), pp. 309–16.

15 Joseph G. Bohlen et al., 'The Male Orgasm: Pelvic Contractions Measured by Anal Probe', *Archives of Sexual Behavior*, IX (1980), pp. 503–21; Joseph G. Bohlen et al., 'The Female Orgasm: Pelvic Contractions', *Archives of Sexual Behavior*, XI (1982), pp. 367–86.

16 William Wordsworth, *The Prelude* [1850] (London, 1995), pp. 60–61.

第 3 章　蝙蝠

1 Virgil, *Eclogues, Georgics, Aeneid I–VI*, Loeb Classical Library 63, trans. Henry Rushton Fairclough, rev. George P. Goold, *Georgics*

vol. III (Cambridge, MA, 1999), pp. 196–7. My choice of translation is quoted more often than the version by Fairclough and Goold, and suits the purpose of this chapter.

2 Thomas Nagel, 'What Is It Like to Be a Bat?', *Philosophical Review*, LXXXIII/4 (1974), pp. 435–50.

3 N. Ulanovsky and C. F. Moss, 'What the Bat's Voice Tells the Bat's Brain', *PNAS*, CV/25 (2008), pp. 8491–8.

4 Nagel, 'What Is It Like to Be a Bat?', p. 438.

5 M. J. Wohlgemuth, J. Luo and C. F. Moss, 'Three-dimensional Auditory Localization in the Echolocating Bat', *Current Opinion in Neurobiology*, XLI (2016), pp. 78–86.

6 L. Thaler and M. A. Goodale, 'Echolocation in Humans: An Overview', *Wiley Interdisciplinary Reviews: Cognitive Science*, VII/6 (2016), pp. 382–93.

7 The sentiment was voiced by Lutz Wiegrebe, and quoted by Emily Underwood, 'How Blind People Use Batlike Sonar', www.sciencemag.org/news, 11 November 2014.

8 Coen P. H. Elemans et al., 'Superfast Muscles Set Maximum Call Rate in Echolocating Bats', *Science*, CCCXXXIII (2011), pp. 1885–8; Lawrence C. Rome et al., 'The Whistle and the Rattle: The Design of Sound Producing Muscles', *PNAS*, XCIII (1996), pp. 8095–100.

9 M. W. Holderied, L. A. Thomas and C. Korine, 'Ultrasound Avoidance by Flying Antlions (Myrmeleontidae)', *Journal of Experimental Biology*, CCXXI (2018), jeb189308.

10 Foraging ants that fall into antlion traps are rescued from time to time by their sisters who respond to a chemical SOS signal and even pull at the antlion's jaws as they close on the victim. This makes sense for a social insect whose workers share most of their genes, so that by aiding a sister, you help to preserve your own genes. There is nothing altruistic about this at all. In line with this logic, injured worker ants are ignored or, perhaps, do not cry for help as they slide helplessly towards the jaws below: Krzysztof Miler, 'Moribund Ants Do Not Call for Help', *PLOS ONE*, XI/3 (2016), e0151925.

11 A. J. Corcoran, J. R. Barber and W. E. Connor, 'Tiger Moth Jams
    Bat Sonar', *Science*, CCCXXV (2009), pp. 325–7.

12 John Muir, *My First Summer in the Sierra* (Boston, MA, 1911), p. 211.

13 Herman Melville, *Moby-Dick; or, The Whale* [1851] (New York, 1992),
    pp. 423–4.

14 Kevin Healy et al., 'Metabolic Rate and Body Size Are Linked with
    Perception of Temporal Information', *Animal Behavior*, LXXXVI
    (2013), pp. 685–96.

15 See www.medienkunstnetz.de; Douglas Gordon's '24 Hour Psycho'
    features in Don DeLillo's novel *Point Omega* (New York, 2010).

16 J. Smith-Ferguson and M. Beekman, 'Who Needs a Brain? Slime
    Moulds, Behavioural Ecology and Minimal Cognition', *Adaptive
    Behaviour* (2019), doi: 10.1177/1059712319826537.

17 T. Latty and M. Beekman, 'Irrational Decision-making in an
    Amoeboid Organism: Transitivity and Context-dependent
    Preferences', *Proceedings of the Royal Society B*, CCLXXVIII (2011),
    pp. 307–12.

18 Neil A. Bradbury, 'Attention Span During Lectures: 8 Seconds,
    10 Minutes, or More?', *Advances in Physiology Education*, XL (2016),
    pp. 509–13.

第 4 章　花

1 Clock proteins in plants switch one another on and off indirectly
   by activating and deactivating the genes that code for them:
   R. G. Foster and L. Kreitzman, *Circadian Rhythms: A Very Short
   Introduction* (Oxford, 2017), pp. 62–80.

2 Theophrastus, *Enquiry into Plants*, vol. I, trans. Arthur F. Hort,
   Loeb Classical Library (Cambridge, MA, 1916), pp. 344–5. The
   admiral was Androsthenes of Thasos, who visited Tylos during his
   exploration of the Arabian coast.

3 Percy Bysshe Shelley, *Prometheus Unbound: A Lyrical Drama in
   Four Acts with Other Poems* (London, 1820), pp. 157–73.

4 After the rows of leaflets fold, continued disturbance causes the

plant to allow all four leaves to droop at the end of the stalk, and, lastly, to let the stalk slump when it is really aggravated.

5 The thorn exposure mechanism was explored in a relative of the sensitive plant called the littleleaf sensitive-briar, *Mimosa microphylla*: Thomas Eisner, 'Leaf Folding in a Sensitive Plant: A Defensive Thorn-exposure Mechanism?', *PNAS*, LXXVIII (1981), pp. 402–4. This deterrent cannot work for the water mimosa, *Neptunia oleracea*, which engages in rapid leaflet folding but does not have any thorns. Another species, *Codariocalyx motorius*, known as the dancing plant, waves pairs of little leaflets at the base of its flattened leaves when it is disturbed. The function of this movement is a mystery, but might have something to do with simulating butterflies, in order to discourage real butterflies from depositing their eggs on the plant: Simcha Lev-Yadun, 'The Enigmatic Fast Leaf Rotation in *Desmodium motorium*: Butterfly Mimicry for Defense?', *Plant Signaling and Behavior*, VIII/5 (2013), e24473.

6 Thomas Vaux, *The Poems of Lord Vaux*, ed. Larry P. Vonalt (Denver, CO, 1960), p. 16. Ralph Vaughan Williams set the poem to music with the title 'How Can the Tree But Wither?', and it appears in his *Collected Songs*, vol. II (Oxford, 1993), pp. 33–7. Recordings of this song are a reliable stimulus for this author's tears.

7 Cleve Backster (1924–2013) was a polygraph specialist for the CIA who examined the emotional depths of plants and concluded that they were capable of extrasensory perception.

8 Research into the influence of the microbiome on the gut–brain axis is advancing very swiftly: X. Liang and G. A. FitzGerald, 'Timing the Microbes: The Circadian Rhythm of the Gut Microbiome', *Journal of Biological Rhythms*, XXXII (2017), pp. 505–16; Ana M. Valdes et al., 'Role of the Gut Microbiome in Nutrition and Health', *British Medical Journal*, CCCLXI/ Supplement 1 (2018), pp. 36–44.

9 Daphne Cuvelier et al., 'Rhythms and Community Dynamics of a Hydrothermal Tubeworm Assemblage at Main Endeavour Field

– A Multidisciplinary Deep-sea Observatory Approach', PLOS ONE, IX/5 (2014), e96924.

10 John Milton, *Paradise Lost*, 2nd edn, ed. Alastair Fowler, Book 1, ll. 62–3, pp. 63–4.

11 Daphne Cuvelier et al., 'Biological and Environmental Rhythms in (Dark) Deep-sea Hydrothermal Ecosystems', *Biogeosciences*, XIV (2017), pp. 2955–77.

12 Noga Kronfeld-Schor et al., 'Chronology by Moonlight', *Proceedings of the Royal Society B*, CCLXXX (2013), 20123088; Philip Larkin, *Collected Poems* (London, 2004), p. 144.

13 Aristotle and Pliny the Elder thought the brain was the moistest organ, and that this made our moods subject to the tidal pull of the Moon. Cases of mental disturbance were, therefore, instances of lunacy: E. M. Coles and D. J. Cooke, 'Lunacy: The Relation of the Lunar Phases to Mental Ill-health', *Canadian Journal of Psychiatry*, XXIII/3 (1978), pp. 149–52. In our enlightened age, we find no evidence for any lunar influence on human physiology or behaviour, and, contrary to popular conception, the menstrual cycle has nothing to do with the phases of the Moon.

14 A comparable process of interrupted development takes place in pythons, in which a gene involved in limb development flickers on in the embryo before fizzling out during the first day after the egg is laid.

15 Stanley Finger, 'Descartes and the Pineal Gland in Animals: A Frequent Misinterpretation', *Journal of the History of the Neurosciences*, IV/3–4 (1995), pp. 166–82.

16 A. Damjanovic, S. D. Milovanovic and N. N. Trajanovic, 'Descartes and His Peculiar Sleep Patterns', *Journal of the History of the Neurosciences*, XXIV/4 (2015), pp. 396–407.

17 J. M. Field and M. B. Bonsall, 'The Evolution of Sleep Is Inevitable in a Periodic World', PLOS ONE, XIII/8 (2018), e0201615. If sleep is necessary for organisms with centralized nervous systems (some sort of brain), one wonders whether intelligent life would evolve on a non-periodic planet bathed continuously with light from a pair of stars.

18 Thomas Nashe, *The Works of Thomas Nashe*, ed. Ronald B. McKerrow, vol. I (Oxford, 1966), p. 355.

19 Thomas Browne, *Sir Thomas Browne's Works, Including his Life and Correspondence*, ed. Simon Wilkin, vol. II (London, 1835), p. 112: 'in one dream I can compose a whole comedy, behold the action, apprehend the jests, and laugh myself awake at the conceits thereof.' Mr Browne would be entertained by a dream I had some years ago, of being the best friend of the American actor George Clooney, who had managed, without my knowledge, to have my eyes injected with silicone. As we walked through an airport concourse, I noticed that everyone was laughing at me, some with their hands over their mouths. George was smiling broadly, nodding at his admirers or giving them a little wave of the hand. Because I saw through the implants, I had no idea that my eyes were bulging. Although I had crafted this screenplay, the reason for the mirth was not revealed to me until George had me look in a mirror. We were such good friends that I forgave him immediately and laughed along with the rest of his entourage as we headed for a weekend in Las Vegas. Someone, help me.

20 William Butler Yeats, *The Collected Poems of W. B. Yeats*, ed. Richard J. Finneran (New York, 1989), pp. 203–4. In my book *The Rise of Yeast: How the Sugar Fungus Shaped Civilization* (Oxford, 2018), p. 30, I asserted that the fungus *Saccharomyces cerevisiae* was the *primum mobile* of civilization. This case rests on the importance of brewing and baking in the development of sedentism, or human settlements. Earth's daily rotation is treated as the prime mover of humanity in a different sense in this book's chapter, as the driver of the rhythms of our physiology and behaviour.

21 Fredegond Shove, *Poems* (Cambridge, 1956), pp. 21–2. Ralph Vaughan Williams set the poem to music and it appears in his *Collected Songs*, vol. II (Oxford, 1993), pp. 14–20. Recordings of this piece are a second dependable stimulus for this author's tears; see n. 6.

第 5 章　蝉群

1 Virgil, *Eclogues, Georgics, Aeneid I–VI*, Loeb Classical Library 63, trans. Henry Rushton Fairclough, rev. George P. Goold, *Georgics* vol. III (Cambridge, MA, 1999), pp. 198–9, with my substitution of 'orchards' for 'thickets' in the quotation. Virgil describes cicadas in a similar way in *Eclogues*, ibid., Book II, pp. 32–3.

2 Gaines Kan-Chih Liu, 'Cicadas in Chinese Culture (Including the Silver-fish)', *Osiris*, IX (1950), pp. 275–396.

3 B. W. Sweeney and R. L. Vannote, 'Population Synchrony in Mayflies: A Predator Satiation Hypothesis', *Evolution*, XXXVI/4 (1982), pp. 810–21. The German Renaissance genius Albrecht Dürer (1471–1528) included the insect in an engraving known variously as *The Madonna/Holy Family with the Mayfly/Butterfly/ Dragonfly/Locust*. Scholarly claims about the insect being a butterfly, dragonfly or locust are outrageous. Dürer pictured animals and plants with great precision (look at his famous *Stag Beetle* of 1505), and would not have ceded the identity of the mayfly to the imagination of the viewer in this piece. The mayfly – everything about it shouts MAYFLY; look at its 'tail', for starters – has alighted beneath the Virgin Mary, who is holding the infant Jesus and is attended by a very elderly Joseph, who appears to be sleeping off the exhaustion of being an earthly parent to the Messiah; God and the Holy Spirit, pictured as a dove, watch from the clouds above. The artist introduced the mayfly as a symbol of fecundity and resurrection, and we would be remiss if we ignored the obvious comparison made between this etching and a later Dürer woodcut by the scholars Larry Silver and Pamela Smith, in P. H. Smith and P. Findlen, eds, *Merchants and Marvels: Commerce, Science, and Art in Early Modern Europe* (New York, 2002), p. 31: 'the woodcut offers a hieratic theophany through symbolic royal synecdoche, as if in distillation of the actual vision manifested in the *Mayfly* engraving.' Well done if you have any clue what this means.

4   A fungal parasite of periodical cicadas has synchronized its life cycle
    to the thirteen- and seventeen-year broods without devastating their
    hosts: J. R. Cooley, D. C. Marshall and K.B.R. Hill, 'A Specialized
    Fungal Parasite (*Massospora cicadina*) Hijacks the Sexual Signals of
    Periodical Cicadas (Hemiptera: Cicadae: *Magicicada*)', *Scientific
    Reports*, VIII (2018), 1432. Males normally mate with female cicadas
    that respond to their calls by flicking their wings. Males infected by
    the fungus respond to the calls of other males by flicking their wings
    like females. Spores of the fungus are transmitted from male to male
    during the same-sex mating that follows.

5   W. D. Koenig and A. M. Liebhold, 'Avian Predation Pressure as
    a Potential Driver of Periodical Cicada Cycle Length', *American
    Naturalist*, CLXXXI (2013), pp. 145–9.

6   Yin Yoshimura, 'The Evolutionary Origins of Periodical Cicadas
    during Ice Ages', *American Naturalist*, CXLIX (1997), pp. 112–24.

7   Gene Kritsky, *Periodical Cicadas: The Plague and the Puzzle*
    (Indianapolis, IN, 2004), pp. 10, 16.

8   *Greek Lyric II*, trans. David A. Campbell, Loeb Classical Library
    (Cambridge, MA, 1988), pp. 204–7.

9   Adolf Portmann, *A Zoologist Looks at Humankind*, trans. Judith
    Schaefer (New York, 1990).

10 Anna G. Warrener et al., 'A Wider Pelvis Does Not Increase
    Locomotor Costs in Humans: With Implications for the Evolution
    of Childbirth', *PLOS ONE*, X/3 (2015), e0118903. In 2018 Sophie
    Power, a 36-year-old ultramarathoner from London, completed the
    166-kilometre (103 mi.) Ultra-Trail du Mont-Blanc in 43 hours and
    33 minutes while breastfeeding her three-month-old son at aid
    stations en route. In 2019 Jasmin Paris, another British runner, was the
    first woman to win the 431-kilometre (268 mi.) Spine Race along the
    Pennine Way. She beat the previous record by an astonishing twelve
    hours and, like Ms Power, expressed breast milk for her baby along
    the way.

11 Holly M. Dunsworth et al., 'Metabolic Hypothesis for Human
    Altriciality', *PNAS*, CIX (2012), pp. 15212–16; Caitlin Thurber et al.,

'Extreme Events Reveal an Alimentary Limit on Sustained Maximal Human Energy Expenditure', *Scientific Advances*, V/6 (2019), eaaw0341.

12 Richard A. Thulborn, 'Aestivation among Ornithopod Dinosaurs of the African Tria', *Lethaia*, XI (1978), pp. 185–98.

13 H. C. Fricke, J. Hencecroth and M. E. Hoerner, 'Lowland-upland Migration of Sauropod Dinosaurs during the Late Jurassic', *Nature*, CDLXXX (2011), pp. 513–15.

14 John Milton, 'Sonnet I', in *Milton: Complete Shorter Poems*, 2nd edn, ed. John Carey (Harlow, 2007), pp. 91–3.

15 Rachel Carson, *The Sense of Wonder* (New York, 1956), pp. 88–9.

16 B. Helm and G. A. Lincoln, 'Circannual Rhythms Anticipate the Earth's Annual Periodicity', in *Biological Timekeeping: Clocks, Rhythms, and Behaviour*, ed. Vinod Kumar (New Delhi, 2017), pp. 545–69.

17 D. M. Anderson and B. A. Keafer, 'An Endogenous Annual Clock in the Toxic Marine Dionflagellate *Gonyaulax tamarensis*', *Nature*, CCCXXV (1987), pp. 616–17.

18 Adrian Bejan, 'Why the Days Seem Shorter as We Get Older', *European Review*, XXVII/2 (2019), pp. 187–94.

第 6 章　熊

1 For my biographers: despite the fact of my three-decade research career as a fungal biologist (first peer-reviewed article on fungi published in 1985, last one in 2016), I have never had any interest in consuming psilocybin. My adolescent fondness for Hawkwind's music did nothing to attract me to the deep narcissism of the psychedelic experience.

2 The song about the astronaut, 'Spirit of the Age', written by Robert Newton Calvert and Dave Brock, appeared on the album *Quark, Strangeness and Charm* (Charisma, 1977). Hawkwind's songs were suitably nihilistic for teenage fans, and conveyed snippets of physics and biology that appealed to proto-scientists like me.

3   Ralph O. Schill, ed., *Water Bears: The Biology of Tardigrades* (Cham, Switzerland, 2018).

4   K. Ingemar Jönsson et al., 'Tardigrades Survive Exposure to Space in Low Orbit', *Current Biology*, XVIII (2009), pp. R729–31.

5   K. I. Jönsson and R. Bertolani, 'Facts and Fiction about Long-term Survival in Tardigrades', *Journal of Zoology*, CCLV (2001), pp. 121–3.

6   C. Ricci and M. Pagani, 'Desiccation of *Panagrolaimus rigidus* (Nematoda): Survival, Reproduction and the Influence on the Internal Clock', *Hydrobiologia*, CCCXLVII (1997), pp. 1–13.

7   R. Margesin and T. Collins, 'Microbial Ecology of the Cryosphere (Glacial and Permafrost Habitats): Current Knowledge', *Applied Microbiology and Biotechnology*, CIII (2019), pp. 2537–49.

8   Anastasia V. Shatilovich et al., 'Viable Nematodes from Late Pleistocene Permafrost of the Kolyma River Lowland', *Doklady Biological Sciences*, CDLXXX (2018), pp. 100–102. The authors did not detail how many culture dishes they set up, nor the number of worms they observed. How long did the worms survive, and did they reproduce? Were eggs visible in the samples at the beginning of the experiment? Were any other organisms recovered from the samples?

9   African lungfish live for about twenty years, whereas the oldest specimens of their Australian cousins are still swimming in their late seventies and may approach a centenary in captivity. Lungfish age is estimated by measuring levels of radioactive carbon (^{14}c) trapped in their scales: Stewart J. Fallon et al., 'Age Structure of the Australian Lungfish (*Neoceratodus forsteri*)', *PLOS ONE*, XIV/1 (2019), e0210168. Australian lungfish do not mummify themselves, so their longevity is based on the same sort of dogged persistence that keeps humans going.

10 Dominique Singer, 'Human Hibernation for Space Flight: Utopistic Vision or Realistic Possibility?', *Journal of the British Interplanetary Society*, LIX (2006), pp. 139–43; Y. Griko and M. D. Regan, 'Synthetic Torpor: A Method for Safely and Practically

Transporting Experimental Animals Aboard Spaceflight Missions to Deep Space', *Life Sciences in Space Research*, XVI (2018), pp. 101–7.

11　Lewis Carroll, *Alice's Adventures in Wonderland AND Through the Looking-glass and What Alice Found There* (London, 1998), p. 61.

12　Petronius, *Satyricon*, trans. Michael Heseltine, rev. Eric H. Warmington, Loeb Classical Library (Cambridge, MA, 1987), pp. 54–5.

13　Kathrin H. Dausmann et al., 'Hibernation in a Tropical Primate', *Nature*, CDXXIX (2004), pp. 825–6.

14　C.-W. Wu and K. B. Storey, 'Life in the Cold: Links between Mammalian Hibernation and Longevity', *Biomolecular Concepts*, VII/I (2016), pp. 41–52.

15　One of the many problems with placing astronauts in suspended animation is the necessary duration of the deep freeze or drug-induced sleep. Our closest potential Goldilocks planet, Proxima Centauri b, is 4.2 light years away. It would take 78,000 years to get there at the speed of NASA's *New Horizons* probe – 58,000 km/h (36,000 mph) – which visited Pluto in 2015. If we got there and found it dry as a bone, however, we would be forced to climb back into the chiller for another 111,000 years to reach the next one, Barnard's Star b. If we went straight to Bernard's Star b from Earth, we could get there in 111,000 years, because the distance between the two exoplanets is about the same as the distance from Earth to Bernard's Star b.

16　Paul Biegler, 'Sleepyheads: The Surprising Promise of Inducing Torpor', www.cosmosmagazine.com, 6 June 2019.

17　Matteo Cerri et al., 'The Inhibition of Neurons in the Central Nervous Pathways for Thermoregulatory Cold Defense Induces a Suspended Animation State in the Rat', *Journal of Neuroscience*, XXXIII/7 (2013), pp. 2984–93.

18　Samuel Beckett, *Waiting for Godot: A Tragicomedy in Two Acts* (New York, 1954), Act II, p. 58.

19　Thomas Browne, *Sir Thomas Browne's Works, Including his Life and Correspondence*, ed. Simon Wilkin, vol. III (London, 1835), p. 489.

On thanatophobia as a foundation of Christianity, Edward Gibbon wrote, 'When the promise of eternal happiness was proposed to mankind on condition of adopting the faith, and of observing the precepts, of the Gospel, it is no wonder that so advantageous an offer should have been accepted by great numbers of every religion, of every rank, and of every province in the Roman empire'; *The Decline and Fall of the Roman Empire*, vol. IV (New York, 1993), p. 513.

20　Aubrey D.N.J. de Grey, 'Escape Velocity: Why the Prospect of Extreme Human Life Extension Matters Now', *PLoS Biology*, II/6 (2004), e187.

21　A clinical study in California suggests that treatment with human growth hormone can reverse the natural loss of tissue in the thymus gland associated with ageing. The thymus is a critical player in the immune system, and the investigators argued that the tissue regeneration seen in 51- to 65-year-old patients in this study was equivalent to a two-year reversal in ageing. The relationship between the vitality of the thymus and overall ageing and longevity is unknown, but the study is provocative: Gregory M. Fahy et al., 'Reversal of Epigenetic Aging and Immunosenescent Trends in Humans', *Aging Cell*, XVIII/6 (2019), e13028.

22　Caleb E. Finch, 'Evolution of the Human Lifespan and Diseases of Aging: Roles of Infection, Inflammation, and Nutrition', *PNAS*, CVII (2010), pp. 1718–24; Fernando Colchero et al., 'The Emergence of Longevous Populations', *PNAS*, CXIII/48 (2016), pp. E7681–90; X. Dong, B. Milholland and J. Vig, 'Evidence for a Limit to Human Lifespan', *Nature*, DXXXVIII (2016), pp. 257–9.

23　Peter B. Medawar, *An Unsolved Problem in Biology* (London, 1952), p. 13.

24　It is ironic, given the acceptance of pseudoscience, that vaccines, which actually keep us alive, are vilified by an alarming percentage of the population. Asked at a forum in my university if I had any idea what might change the minds of Americans who resist vaccinating their children, I answered, 'How about a smallpox epidemic?', which introduced some levity to the gathering. Update:

This retort was weakened in 2020 by the voices of resistance to future vaccination against COVID-19.

25 Browne, *Sir Thomas Browne's Works*, vol. III, p. 491.

26 Pliny, *Natural History*, trans. Harris Rackham, Loeb Classical Library (Cambridge, MA, 1942), Book VII, pp. 618–19. Herman Melville expressed the Epicurean or symmetrical view of mortality in *Mardi and a Voyage Thither* [1849] (New York, 1982), p. 899: 'backward or forward, eternity is the same; already we have been the nothing we dread to be.'

27 Beckett, *Waiting for Godot*, p. 57.

第 7 章　弓头鲸

1 Bowheads often sound by arching their backs without displaying their flukes before the descent: G. M. Carroll and J. R. Smithhisler, 'Observations of Bowhead Whales during Spring Migration', *Marine Fisheries Review*, XLII/9 (1980), pp. 80–85.

2 Jeanne Calment's recollections of her introduction to Vincent van Gogh have been cited in many publications and have been blurred by editorial laxity.

3 The lance fragment in the female bowhead came from a model that was patented in 1879: J. C. George and J. R. Bockstoce, 'Two Historical Weapon Fragments as an Aid to Estimating the Longevity and Movements of Bowhead Whales', *Polar Biology*, XXXI/6 (2008), pp. 751–4. This lance was superseded by an improved design in 1885. The possibility that lances of the 1879 model continued to be used by native whalers in the late 1880s serves my purpose in merging the birthdays of the teenage whale and Mlle Calment. A tip from the same model of lance was found in the scapula of a male bowhead killed in the coastal waters of Utqiagvik, Alaska, in 2007.

4 Nikolay Zak, 'Evidence that Jeanne Calment Died in 1934 – Not 1997', *Rejuvenation Research*, XXII/1 (2019), pp. 3–12.

5 John C. George et al., 'Age and Growth Estimates of Bowhead

Whales (*Balaena mysticetus*) via Aspartic Acid Racemization',
Canadian Journal of Zoology, LXXVII (1999), pp. 571–80.

6 Mary Ann Raghanti et al., 'A Comparison of the Cortical Structure
of the Bowhead Whale (*Balaena mysticetus*), a Basal Mysticete,
with Other Cetaceans', *Anatomical Record*, CCCII (2019),
pp. 745–60.

7 It is possible to detect daily growth zones in the otoliths of young
fish. Each of these circadian bands is no wider than a bacterial cell
in hatchlings. Analysis is complicated further by the deposition of
sub-daily increments within the daily growth zones. The patterns
of daily and sub-daily rings are affected by the metabolic activity
of the fish, which changes according to water temperature, food
availability and other environmental variables.

8 The decay of radium-226 leads to an increase in the activity of lead-
210 in a sample over the course of a century, until the production
of lead-210 is balanced by its decay. This is described as a state of
'secular equilibrium'. The degree of disequilibrium in a sample
provides an estimate of its age. In this context, 'secular' refers to a
process that occurs slowly over a long period. The adjective derives
from the Latin *saeculum*, meaning lifetime.

9 G. E. Fenton, S. A. Short and D. A. Ritz, 'Age Determination of
Orange Roughy, *Hoplostethus atlanticus* (Pisces: Trachichthyidae)
Using ^{210}Pb:^{226}Ra Disequilibria', *Marine Biology*, CIX (1991),
pp. 197–202. A later study verified the long lifespan of roughy by
employing a more sensitive radiometric dating method: A. H.
Andrews, D. M. Tracey and M. R. Dunn, 'Lead-radium Dating
of Orange Roughy (*Hoplostethus atlanticus*): Validation of a
Centenarian Life Span', *Canadian Journal of Fisheries and Aquatic
Sciences*, LXVI (2009), pp. 1130–40.

10 Julius Nielsen et al., 'Eye Lens Radiocarbon Reveals Centuries
of Longevity in the Greenland Shark (*Somniosus microcephalus*)',
Science, CCCLIII (2016), pp. 702–4. The maximum estimated age
of 392 years was associated with a standard deviation of 120 years.

11 Kara E. Yopak et al., 'Comparative Brain Morphology of

the Greenland and Pacific Sleeper Sharks and Its Functional Implications', *Scientific Reports*, IX (2019), article 10,022. The relationship between brain size and behavioural complexity is very complicated. The encephalization of an animal – the ratio of the actual size of the brain to the size predicted for related species of similar body weight – is used as a rough guide to its intelligence. The degree of cortical folding and the number of neurons in particular regions of the brain are other useful metrics.

12 Ugo Zoppi et al., 'Forensic Applications of 14c Bomb-pulse Dating', *Nuclear Instruments and Methods in Physics Research B*, CCXXIII (August 2004), pp. 770–75; Laura Hendricks et al., 'Uncovering Modern Paint Forgeries by Radiocarbon Dating', *PNAS*, CXVI/27 (2019), pp. 13,210–14.

13 T. A. Rafter and G. J. Fergusson, '"Atomic Bomb Effect" – Recent Increase of Carbon-14 Content of the Atmosphere and Biosphere', *Science*, CXXVI (1957), pp. 557–8.

14 Paul G. Butler et al., 'Variability of Marine Climate on the North Icelandic Shelf in a 1,357-year Proxy Archive Based on Growth Increments in the Bivalve *Arctica islandica*', *Palaeogeography, Palaeoclimatology, Palaeoecology*, CCCLXXIII (2013), pp. 141–51; Steve Farrar, 'Ming the Mollusc Holds Secret to Long Life', *Sunday Times* (28 October 2007).

15 Gregor M. Cailliet et al., 'Age Determination and Validation Studies of Marine Fishes: Do Deep-dwellers Live Longer?', *Experimental Gerontology*, XXXVI (2001), pp. 739–64.

16 C. Taylor and A. Pastron, 'Galapagos Tortoises and Sea Turtles in Gold-rush Era California', *California History*, XCI/2 (2014), pp. 20–39.

17 We do not know what Aesop said, or even if Aesop existed, but the familiar idiom comes from the fable of the tortoise and the hare. The lesson of the tale centres on the rewards of 'sobriety, zeal, and perseverance': *Aesop's Fables*, trans. Laura Gibbs (Oxford, 2002), p. 117.

18 Mice with an average pulse rate of 600 beats per minute use up

roughly the same quota of lifelong heartbeats in two or three years. The heart rate of the Greenland shark is at the low end of the pulse range of the giant tortoise, and it lives for twice as long as the reptile. There are differences between these animals and many other species on the order of hundreds of millions of lifetime heartbeats, but there is a definite clustering around the 1 billion mark. This topic is also considered in Chapter Two.

19 Demographers disagree about the existence of a plateau of human mortality, and some claim that the probability of death at the age of 114 is no greater than it is at the age of 105. If this is true, it suggests that there is no upper limit to human longevity: Elisabetta Barbi et al., 'The Plateau of Human Mortality: Demography of Longevity Pioneers', *Science*, CCCLX (2018), pp. 1459–61. Others say that this conclusion rests on faulty analysis of demographic data: Sarah J. Newman, 'Errors as a Primary Cause of Late-life Mortality Deceleration and Plateaus', *PLoS Biology*, XVI/12 (2018), e2006776.

第 8 章　狐尾松

1　Thomas Mann, *The Magic Mountain*, trans. John E. Woods (New York, 1995), p. 268.

2　Donald R. Curry, 'An Ancient Bristlecone Pine Stand in Eastern Nevada', *Ecology*, XLVI/4 (1965), pp. 564–6. Curry's calamity was an unintended consequence of his desire to demonstrate that a remarkably old stand of pines grew in Nevada, at a time when more attention was paid to bristlecones in the White Mountains of eastern California.

3　Matthew W. Salzer et al., 'Recent Unprecedented Tree-ring Growth in Bristlecone Pine at the Highest Elevations and Possible Causes', *PNAS*, CVI/48 (2009), pp. 20,348–53.

4　M. W. Salzar, C. L. Pearson and C. H. Baisan, 'Dating the Methuselah Walk Bristlecone Pine Floating Chronologies', *Tree-ring Research*, LXXV/1 (2019), pp. 61–6.

5 R. M. Lanner, 'Why Do Trees Live So Long?', *Ageing Research Reviews*, I/4 (2002), pp. 653–71. There is a lot of guesswork about the mechanisms that support ancient trees, because so much must be learned from inferences about the life of the plant, rather than direct experimentation.

6 Svetlana Yashina et al., 'Regeneration of Whole Fertile Plants from 30,000-y-old Fruit Tissue Buried in Siberian Permafrost', *PNAS*, CIX/10 (2012), pp. 4008–13. Unlike the decay rates of radioactive isotopes, the half-life of DNA and other biological molecules varies according to temperature. The projected half-life of a short span of DNA in bone is 150 years at $25\,^\circ$C ($77\,^\circ$F), increasing to 47,000 years at $-5\,^\circ$C ($23\,^\circ$F): Morten E. Allentoft et al., 'The Half-life of DNA in Bone: Measuring Decay Kinetics in 158 Dated Fossils', *Proceedings of the Royal Society B*, CCLXXIX (2012), pp. 4724–33.

7 M. Grant and J. Mitton, 'Case Study: The Glorious, Golden, and Gigantic Quaking Aspen', *Nature Education Knowledge*, III/10 (2010), p. 40.

8 Sophie Arnaud-Haond et al., 'Implications of Extreme Life Span in Clonal Organisms: Millenary Clones in Meadows of the Threatened Seagrass *Posidonia oceanica*', *PLOS ONE*, VII/2 (2012), e30454; Frank C. Vasek, 'Creosote Bush: Long-lived Clones in the Mojave Desert', *American Journal of Botany*, LXVII/2 (1980), pp. 246–55.

9 Alex Johnson, 'Blackfoot Indian Utilization of the Flora of the Northwestern Great Plains', *Economic Botany*, XXIV/3 (1970), pp. 301–24; William R. Burk, 'Puffball Uses among North American Indians', *Journal of Ethnobiology*, III/1 (1983), pp. 55–62.

10 The ancient map lichen in northern Alaska had a diameter of 370 mm. Its age estimate is based on the likely timing of the withdrawal of the ice sheet that uncovered its boulder. To reach this impressive diameter in 10,000 years, the lichen would have grown at an average 'speed' of 0.04 mm per year. This is certainly possible. The fastest map lichens in the Brooks Range grew at a measured 'speed' of

0.35 mm per year over experimental timespans of four to six years, whereas many living thalli barely grew at all during the same period: L. A. Haworth, P. E. Calkin and J. M. Ellis, 'Direct Measurement of Lichen Growth in the Brooks Range, Alaska, U.S.A., and Its Applications to Lichenometric Dating', *Arctic and Alpine Research*, XVIII/3 (1986), pp. 289–96; James B. Benedict, 'A Review of Lichenometric Dating and Its Applications to Archaeology', *American Antiquity*, LXXIV/1 (2009), pp. 143–72.

11 Yew trees are likely to be older than the lichens in British churchyards, although the claim that the Llangernyw yew in Wales is more than 4,000 years old is disputed by some botanists.

12 Klaus Peter Jochum et al., 'Deep-sea Sponge *Monorhaphis chuni*: A Potential Palaeoclimate Archive in Ancient Animals', *Chemical Geology*, CCC–CCCI (2012), pp. 143–51. The spine does not add a new layer every year, in the manner of growth rings in a tree, but the water temperature associated with the formation of each layer can be determined from the ratio of different isotopes of oxygen (oxygen-18 to oxygen-16), and the ratio of magnesium to calcium. Both measurements serve as 'palaeothermometers'. As the water temperature rises, less oxygen-18 is incorporated into the structure of the spines and the ratio of magnesium to calcium increases. Seawater temperature has increased in the 20,000 years since the end of the last ice age, and this is reflected in palaeothermometer readings taken from the middle of the spine to its surface. This method suggested that the sponge was 11,000 years old. Subsequent analysis of the levels of silicon isotopes and the ratio of germanium to silicon across the radius of the same spine increased the age estimate to 18,000 years: Klaus Peter Jochum et al., 'Whole-ocean Changes in Silica and Ge/Si Ratios during the Last Deglacial Deduced from Long-lived Giant Glass Sponges', *Geophysical Research Letters*, XLIV (2017), pp. 11,555–64.

13 E. Brendan Roark et al., 'Extreme Longevity in Proteinaceous Deep-sea Corals', *PNAS*, CVI/13 (2009), pp. 5204–8.

14 F. Scott Fitzgerald, *Six Tales of the Jazz Age and Other Stories*

(New York, 1960), p. 83.

15　Daniel E. Martinez, 'Mortality Patterns Suggest Lack of Senescence in Hydra', *Experimental Gerontology*, XXXIII/3 (1998), pp. 217–55.

第 9 章　龙王鲸

1　Johannes G. M. Thewissen, *The Walking Whales: From Land to Water in Eight Million Years* (Oakland, CA, 2014).

2　Johannes G. M. Thewissen et al., 'Whales Originated from Aquatic Artiodactyls in the Eocene Epoch of India', *Nature*, CDL (2007), pp. 1190–94.

3　Charles Darwin, *On the Origin of Species by Means of Natural Selection; or, The Preservation of Favoured Races in the Struggle for Life* (London, 1859), p. 282.

4　Ibid., p. 184.

5　Johannes G. M. Thewissen et al., 'Developmental Basis for Hindlimb Loss in Dolphins and Origin of the Cetacean Body Plan', *PNAS*, CIII/22 (2006), pp. 8414–18.

6　Anthony R. Rafferty et al., 'Limited Oxygen Availability in Utero May Constrain the Evolution of Live Birth in Reptiles', *American Naturalist*, CLXXXI/2 (2013), pp. 245–53.

7　This is a greatly simplified list of turtle types. For an immersive and authoritative reading on this subject, see Turtle Taxonomy Working Group, 'Turtles of the World: Annotated Checklist and Atlas of Taxonomy, Synonymy, Distribution, and Conservation Status', 8th edn, *Chelonian Research Monographs,* VII (2017), pp. 1–292.

8　When U.S. President John F. Kennedy spoke about our relationship to the sea in a speech in September 1962, he evoked the marine origin of animals: 'I really don't know why it is that all of us are so committed to the sea, except I think it is because in addition to the fact that the sea changes and the light changes, and ships change, it is because we all came from the sea. And it is an interesting biological fact that all of us have, in our veins the exact same percentage of salt in our blood that exists in the ocean, and, therefore, we have salt in our blood, in our sweat, in our tears. We are tied to the ocean. And when we go back to the sea, whether it is to sail or to watch it we are going back from whence we came.' If Kennedy had been correct about the percentage of salt in our blood, we could drink seawater, but unfortunately the ocean is three times saltier than blood: 'Water, water, every where, / Nor any drop to drink,' as Samuel Taylor Coleridge wrote in *The Rime of the Ancient Mariner* (1834). See www.jfklibrary.org.

9 L. Guerrero-Meseguer, C. Sanz-Lázaro and A. Marín, 'Understanding the Sexual Recruitment of One of the Oldest and Largest Organisms on Earth, the Seagrass *Posidonia oceanica*', PLOS ONE, XIII/11 (2018), e0207345.

10 N. P. Kelley and N. D. Pyenson, 'Evolutionary Innovation and Ecology in Marine Tetrapods from the Triassic to the Anthropocene', *Science*, CCCXLVIII (2015), aaa3717.

11 Anthony Trollope, *An Autobiography* (Oxford, 1999), p. 365.

第 10 章　生命的开始

1 The simplification of the timetable requires small adjustments to round the numbers to the nearest single significant figure. Earth is 4.54 ± 0.05 billion years old, which can be rounded to 5 billion years, and so on.

2 J. William Schopf et al., 'SIMS Analyses of the Oldest Known Assemblage of Microfossils Document their Taxon-correlated Carbon Isotope Compositions', PNAS, CXV (2018), pp. 53–8. When bacteria and archaea assimilate carbon atoms from carbon dioxide, they favour the lighter isotope, carbon-12, over the heavier isotope, carbon-13. This happens at the level of the enzymes that catalyse carbon fixation by photosynthesis or chemosynthesis. These enzymes make use of the extra vibrational energy in the bonds between carbon and oxygen in the lighter form of carbon dioxide, which makes them easier to break. Photosynthesis in plants and eukaryotic algae such as giant kelps also results in the accumulation

of the lighter isotope. Animal tissues are enriched in carbon-12 because they eat plants or herbivorous animals, and the combustion of fossil fuels is evident from the decrease in the $^{13}C/^{12}C$ ratio (more c-12) in the atmosphere that has been measured since the 1970s: Jonathan R. Dean et al., 'Is There an Isotope Signature of the Anthropocene?', *Anthropocene Review*, I/3 (2014), pp. 276–87.

3   Matthew S. Dodd et al., 'Evidence for Early Life in Earth's Oldest Hydrothermal Vent Precipitates', *Nature*, DXLIII (2017), pp. 60–64.

4   Elizabeth A. Bell et al., 'Potentially Biogenic Carbon Preserved in a 4.1 Billion-year-old Zircon', *PNAS*, CXII/47 (2015), pp. 14,518–21.

5   Emily C. Parke, 'Flies from Meat and Wasps from Trees: Reevaluating Francesco Redi's Spontaneous Generation Experiments', *Studies in History and Philosophy of Biological and Biomedical Sciences*, XLV (2017), pp. 34–42.

6   Francesco Redi, *Experiments on the Generation of Insects*, trans. Mab Bigelow (Chicago, IL, 1909), p. 36.

7   The Miller–Urey experiments were inspired by Aleksandr Oparin (1894–1980), the Soviet biochemist who suggested that life was spawned by a process of chemical evolution in the primordial soup that existed on the early planet.

8   Addy Pross, *What Is Life? How Chemistry Becomes Biology* (Oxford, 2012), pp. 65–8.

9   K. B. Muchowska, S. J. Varma and J. Moran, 'Synthesis and Breakdown of Universal Metabolic Precursors Promoted by Iron', *Nature*, DLXIX (2019), pp. 104–7; K. B. Muchowska, E. Chevallot-Beroux and J. Moran, 'Recreating Ancient Metabolic Pathways before Enzymes', *Bioorganic and Medicinal Chemistry*, XXVII/12 (2019), pp. 2292–7.

10 Franklin Harold is an expert on bioenergetics who played a pivotal role in promoting the work by Peter Mitchell on the synthesis of ATP by the mechanism of chemiosmosis. Mitchell received the Nobel Prize in Chemistry in 1978 for this breakthrough. It was my great fortune to work as a postdoctoral investigator with Harold in Colorado in the 1990s. The memorable phrase was printed on a

card and framed above his desk. His book on the origin of cells is filled with wisdom: *In Search of Cell History: The Evolution of Life's Building Blocks* (Chicago, IL, 2014).

11 Arthur S. Eddington, *The Nature of the Physical World* (Cambridge, 1928), p. 69.

12 J.M.E. McTaggart, 'The Unreality of Time', Mind, xvii (1908), pp. 457–73. It is difficult to extract a crystal-clear view of Bergson's critique of relativity and space-time, but Jimena Canales has a good stab at it in her book *The Physicist and the Philosopher: Einstein, Bergson, and the Debate that Changed our Understanding of Time* (Princeton, NJ, 2015). Spacetime is a pivotal concept in physics that has no impact at all on the way life has played out on Earth. Even so, a footnoted sketch seems advisable. Here goes. On a long drive, we are just as likely to refer to the distance of the journey as to the time it will take. We look at the clock and the milometer (odometer) as the road slips beneath the car, and the GPS displays the remaining distance and time based on our speed and the road conditions. Space is ignored when we are sitting in a chair, although we are hurtling through it as Earth spins and orbits the Sun, but we are aware of time, at least periodically, as the clock ticks and the working day drags or flies by. Driving or seated at a desk, space and time are inseparable because we are always *here* as well as *now*, in a particular location in the universe at a particular time. To find ourselves, we need to fix four dimensions: the Cartesian trio, x, y and z for the place, plus t for the when. This makes intuitive sense. Jumping over a stream in the woods, we can feel all four of these dimensions change if we pay close attention. Position is gauged from our vision and inner-ear gyroscopes, and time can be counted in the seconds that elapse before, during and after the movement. But when we regard time and space from the viewpoint of relativity, things get more complicated, because it is evident that time depends on location and differs from place to place. My now is always going to be slightly different from your now, and if you were to zip off at an immense speed, a gulf would open between my present and

yours. You might return gushing with news about the journey and discover that I have been dead for a century. This is the most familiar of the weird ripples of general relativity.

13 Carlo Rovelli, *Reality Is Not What It Seems: The Journey to Quantum Gravity*, trans. S. Carnell and E. Segre (London, 2016), and reviews by Lisa Randall, 'A Physicist's Crash Course in Unpeeling the Universe', *New York Times* (3 March 2017), and Andrew Jaffe, 'The Illusion of Time', *Nature*, DLVI (2018), pp. 304–5.

14 Thomas Browne, *Sir Thomas Browne's Works, Including his Life and Correspondence*, ed. Simon Wilkin, vol. III (London, 1835), p. 494.

15 The source of this bon mot is elusive, but it can be condensed from the following description by Szent-Györgyi: 'Life has learned to catch the electron in the excited state, uncouple it from its partner and let it drop back to the ground state through its biological machinery, utilizing its excess energy for life processes.' This appeared in W. D. McElroy and B. Glass, eds, *A Symposium on Light and Life* (Baltimore, MD, 1961), p. 7.

16 Erasmus Darwin, *Zoonomia; or, The Laws of Organic Life*, vol. I (London, 1794), p. 507.

17 Corentin C. Loron et al., 'Early Fungi from the Proterozoic Era in Arctic Canada', *Nature*, DLXX (2019), pp. 232–5.

18 Animals from the Ediacaran Period, beginning 635 million years ago and ending 542 million years ago, were the first macroscopic organisms. *Dickinsonia* fossils are oval, leaf-like impressions in rocks, with lots of closely packed segments that radiate either side of a central body axis. The fossils contain fat molecules related to cholesterol, which are distinctive biomarkers for animals: Ilya Bobrovskiy et al., 'Ancient Steroids Establish the Ediacaran Fossil *Dickinsonia* as One of the Earliest Animals', *Science*, CCCLXI (2018), pp. 1246–9. Species of *Dickinsonia* belonged to a diverse fauna in the Ediacaran. These animals are often described as 'a failed evolutionary experiment', which is a rather imperious judgement about a group of organisms that lived for 100 million years. The

dismissive verdict is associated with the German paleontologist Adolf Seilacher (1925–2014), who meant it in the sense that there are no living descendants of the Ediacarans.

19 Nur Gueneli et al., '1.1-billion-year-old Porphyrins Establish a Marine Ecosystem Dominated by Bacterial Primary Producers', *PNAS*, CXV/30 (2018), pp. E6978–86.

20 Methane-producing microorganisms, or methanogens, are archaea rather than bacteria. Like bacteria, archaea are prokaryotes, meaning that their cells lack nuclei.

21 I used Milton's verse from *Paradise Lost* (4.218) in an earlier book to describe how biologists have tended to overlook the overriding importance of microorganisms: Nicholas P. Money, *The Amoeba in the Room: Lives of the Microbes* (Oxford, 2014). Microbes are everywhere, but invisible; similarly, the solution to the origin of life may be all around us, but unrecognized.

22 Thomas Henry Huxley, 'On the Reception of the "Origin of Species"', in *The Life and Letters of Charles Darwin, Including an Autobiographical Chapter*, vol. II, ed. F. Darwin (London, 1887), p. 197.

图片权利说明

作者和出版商谨向下列插图材料的来源和/或转载许可表示感谢：

akg-images/Fototeca Gilardi: 插图 10; photo Igor Cheri/Shutterstock. com: 插图 3; Dennis Kunkel Microscopy/Science Photo Library: 插图 8; Eye of Science/Science Photo Library: 插图 6; photo courtesy Kathryn M. Fontaine, John R. Cooley and Chris Simon, from 'Evidence for Paternal Leakage in Hybrid Periodical Cicadas (Hemiptera: Magicicada spp.)', plos one, ii/9 (2007), e892: 插图 5; photo Level12 via Getty Images: 插图 1; courtesy Nicholas P. Money: 文前时间轴; photo Gosha Simonov, reproduced with permission: 插图 2; photo Nobumichi Tamura/Stocktrek Images via Getty Images: 插图 9; Steve Taylor arps/Alamy Stock Photo: 插图 4; Universal Images Group North America llc/Alamy Stock Photo: 插图 7。